조리능력 향상의 길잡이

한식조리

밥

한혜영·신은채·안정화·임재창 공저

(주)백산출판사

머리말

과학기술의 발달은 사회 변동을 촉진하고 그 결과 사회는 점점 빠르게 변화되고 있다.
사회가 발달하고 경제상황이 좋아짐에 따라 식생활문화는 풍요로워졌고, 음식문화에 대한 인식변화를 가져오게 되었다.
음식은 단순한 영양섭취 목적보다는 건강을 지키고 오감을 만족시켜 행복지수를 높이며, 음식커뮤니케이션의 기능과 함께 오락기능을 더하고 있다.
이에 전문 조리사는 다양한 직업으로 분업화 · 세분화되어 활동하게 되는데, 그 인기도는 조리 전문 방송 프로그램이 많아진 것을 보면 쉽게 알 수 있다.
현재 우리나라는 국가직무능력표준(NCS: national competency standards)을 개발하여 산업현장에서 직무를 수행하기 위해 요구되는 지식, 기술을 국가적 차원에서 표준화하고 있다.
이 책은 조리의 기초적인 부분부터 조리사가 알아야 하는 전반적인 내용을 담고 있어 산업현장에 적합한 인적자원 양성에 도움이 되는 전문서가 될 것으로 생각하며, 조리능력 향상에 길잡이가 될 것으로 믿는다.
왜냐하면 특급호텔인 롯데와 인터컨티넨탈에서 15년간의 현장 경험과 15년의 교육 경력을 바탕으로 정확한 레시피와 자세한 설명을 곁들여 정리하였기 때문이다.
조리학문 발전을 위해 노력하신 많은 선배님들께 감사드리며, 늘 배려를 아끼지 않으시는 백산출판사 사장님 이하 직원분들께 머리 숙여 깊은 감사를 드린다.

조리인이여~
넓은 세상을 보고 많은 꿈을 꾸며, 희망을 가지고 남다른 노력을 한다면, 소망과 꿈은 이루어지리라.

대표저자 **한혜영**

CONTENTS

NCS - 학습모듈 8

한식조리 밥 이론

밥 18

한식조리 밥 실기

흰밥 30
오곡밥 34
영양잡곡밥 38
김치밥 42
곤드레밥 46
팥밥(홍반) 50
보리밥 54
채소고기밥 58
차조밥 62
감자밥 66
콩밥 70
돌솥밥 74
홍합밥 78
메밀밥 82
비트무밥 86
가지밥 90
굴밥 94
조갯살비빔밥 98

○ 한식조리기능사 실기 품목

콩나물밥 104

비빔밥 108

일일 개인위생 점검표 112

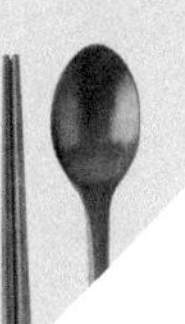

NCS – 학습모듈의 위치

대분류	음식서비스
중분류	식음료조리·서비스
소분류	음식조리

세분류

한식조리

양식조리

중식조리

일식·복어조리

능력단위	학습모듈명
한식 위생관리	한식 위생관리
한식 안전관리	한식 안전관리
한식 메뉴관리	한식 메뉴관리
한식 구매관리	한식 구매관리
한식 재료관리	한식 재료관리
한식 기초 조리실무	한식 기초 조리실무
한식 밥 조리	**한식 밥 조리**
한식 죽 조리	한식 죽 조리
한식 면류 조리	한식 면류 조리
한식 국·탕 조리	한식 국·탕 조리
한식 찌개 조리	한식 찌개 조리
한식 전골 조리	한식 전골 조리
한식 찜·선 조리	한식 찜·선 조리
한식 조림·초 조리	한식 조림·초 조리
한식 볶음 조리	한식 볶음 조리
한식 전·적 조리	한식 전·적 조리
한식 튀김 조리	한식 튀김 조리
한식 구이 조리	한식 구이 조리
한식 생채·회 조리	한식 생채·회 조리
한식 숙채 조리	한식 숙채 조리
김치 조리	김치 조리
음청류 조리	음청류 조리
한과 조리	한과 조리
장아찌 조리	장아찌 조리

한식 밥 조리 학습모듈의 개요

학습모듈의 목표

쌀을 주재료로 하는 쌀밥과 다른 곡류나 견과류, 채소류, 어패류 등을 섞어 물을 붓고 불에 강약을 조절하여 호화되게 할 수 있다.

선수학습

조리원리, 식품재료학, 식품학, 조리과학

학습모듈의 내용체계

학습	학습내용	NCS 능력단위요소	
		코드번호	요소명칭
1. 밥 재료 준비하기	1-1. 밥 재료 준비 1-2. 돌솥, 압력솥 도구 선택	1301010121_16v3.1	밥 재료 준비하기
2. 밥 조리하기	2-1. 조리 시간과 방법조절 2-2. 밥 조리 시 물의 양 가감 2-3. 뜸 들이기	1301010121_16v3.2	밥 조리하기
3. 밥 담기	3-1. 그릇 선택과 밥 담기 3-2. 고명 및 양념장	1301010121_16v3.3	밥 담기

핵심 용어

쌀, 잡곡, 부재료, 계량, 불리기, 분쇄, 가열, 호화, 고명

분류번호	1301010121_16v3
능력단위 명칭	한식 밥 조리
능력단위 정의	한식 밥 조리는 쌀을 주재료로 하거나 혹은 다른 곡류나 견과류, 육류, 채소류, 어패류 등을 섞어 물을 붓고 불의 강약을 조절하여 호화되게 조리하는 능력이다.

능력단위요소	수행준거
1301010121_16v3.1 밥 재료 준비하기	1.1 쌀과 잡곡의 비율을 필요량에 맞게 계량할 수 있다. 1.2 쌀과 잡곡을 씻고 용도에 맞게 불리기를 할 수 있다. 1.3 부재료는 조리법에 맞게 손질할 수 있다. 1.4 돌솥, 압력솥 등 사용할 도구를 선택하고 준비할 수 있다
	【지식】 • 곡류의 종류와 특성 • 도구의 종류와 사용법 • 밥 종류 • 재료 전처리 • 전분의 호화상태 판별 • 재료 선별법
	【기술】 • 곡류의 종류에 따른 수침시간 조절능력 • 재료 보관능력 • 재료 전처리능력 • 쌀 등의 잡곡 선별 능력
	【태도】 • 바른 작업태도 • 반복훈련태도 • 안전사항 준수태도 • 위생관리태도 • 재료점검태도
1301010121_16v3.2 밥 조리하기	2.1 밥의 종류와 형태에 따라 조리시간과 방법을 조절할 수 있다. 2.2 조리 도구, 조리법과 쌀, 잡곡의 재료특성에 따라 물의 양을 가감할 수 있다. 2.3 조리도구와 조리법에 맞도록 화력조절, 가열시간 조절, 뜸 들이기를 할 수 있다.
	【지식】 • 가열시간과 화력의 조절 • 밥 조리기구의 특성 • 밥의 종류에 따른 조리법 • 조리과정 중 일어나는 물리화학적 변화에 관한 조리과학적 지식 • 전분의 호화특성에 따른 물의 비율

1301010121_16v3.2 밥 조리하기	【기술】 • 부재료를 첨가하는 기술 • 가열시간과 화력의 조절능력 • 재료의 특성과 상태에 따른 조절능력 • 저장·보관 능력 • 재료의 특성에 따른 썰기 능력
	【태도】 • 바른 작업태도 • 조리과정을 관찰하는 태도 • 실험조리를 수행하는 과학적 태도 • 위생관리태도 • 조리도구 정리태도 • 조리도구 청결관리태도 • 기구 안전관리태도
1301010121_16v3.3 밥 담기	3.1 조리종류와 색, 형태, 인원수, 분량 등을 고려하여 그릇을 선택할 수 있다. 3.2 밥을 따뜻하게 담아 낼 수 있다. 3.3 조리종류에 따라 나물 등 부재료와 고명을 얹거나 양념장을 곁들일 수 있다.
	【지식】 • 고명의 종류 • 양념장의 종류 • 조리종류 따른 그릇 선택
	【기술】 • 그릇과 조화를 고려하여 담는 능력 • 부재료와 고명을 얹어내는 능력 • 조리에 맞는 그릇 선택 능력
	【태도】 • 관찰태도 • 바른작업태도 • 안전관리태도 • 위생관리태도 • 반복훈련태도

적용범위 및 작업상황

고려사항

- 한식 밥 조리 능력단위는 다음 범위가 포함된다.
  - 밥류 : 흰밥, 현미밥, 잡곡밥, 오곡밥, 영양밥, 굴밥, 콩나물밥, 비빔밥, 무밥, 김치밥, 곤드레밥 등
- 밥 조리하기 : 콩나물밥, 곤드레밥 등은 부재료를 첨가하여 밥을 짓고, 비빔밥은 부재료를 조리법대로 무치거나 볶아서 밥 위에 색을 맞춰 담는다.
- 밥의 종류에 따라 간장 혹은 고추장 양념장을 곁들인다.
- 호화란 전분에 물을 넣고 가열하면 팽윤하고 점성도가 증가하여 전체가 반투명인 거의 균일한 콜로이드 물질이 되는 현상(예. 쌀에 물을 붓고 가열하여 밥과 죽이 되는 현상)을 말한다.
- 전처리란 마른 재료의 경우 불리거나 데치거나 삶아서 다듬는 것을 말하고, 해산물일 경우 소금물에 담가 해감하고, 육류일 경우 지방과 힘줄을 제거하고 키친타월이나 면보에 싸서 핏물을 제거하는 것을 말하며, 채소일 경우 다듬고 씻어 써는 것을 말한다.
- 밥 짓는 과정 : 쌀을 씻어 상온(20℃ 정도)에서 최소 30분 정도 담가두었다가 밥을 지으면 물과 열이 골고루 전달되어 전분 호화가 빨리 일어나 맛있는 밥이 된다.
- 밥 뒤적이기 : 다 지어진 밥을 그대로 방치하면 솥이 식어 물방울이 생기고 밥의 중량으로 밥알이 눌리므로 뜸 들이기 완료 즉시 주걱으로 위아래를 가볍게 뒤섞어 준다.

자료 및 관련 서류

- 한식조리 전문서적
- 조리원리 전문서적, 관련 자료
- 식품재료 관련 전문서적
- 식품재료의 원가, 구매, 저장 관련서적
- 안전관리수칙 서적
- 매뉴얼에 의한 조리과정, 조리결과 체크리스트
- 식자재 구매 명세서
- 조리도구 관련서적
- 식품영양 관련서적
- 식품가공 관련서적
- 식품위생법규 전문서적
- 원산지 확인서
- 조리도구 관리 체크리스트

장비 및 도구

- 조리용 칼, 도마, 냄비, 밥솥, 밥그릇, 밥주걱, 믹서, 용기, 계량컵, 계량스푼, 계량저울, 체, 타이머 등
- 가스레인지, 전기레인지 또는 가열도구
- 조리복, 조리모, 앞치마, 조리안전화, 행주, 분리수거용 봉투 등

재료

- 쌀, 잡곡류 등
- 육류, 해물, 채소, 견과류 등
- 장류, 양념류 등

평가지침

평가방법

- 평가자는 능력단위 한식 밥 조리의 수행준거에 제시되어 있는 내용을 평가하기 위해 이론과 실기를 나누어 평가하거나 종합적인 결과물의 평가 등 다양한 평가 방법을 사용할 수 있다.
- 피평가자의 과정평가 및 결과평가 방법

평가방법	평가유형	
	과정평가	결과평가
A. 포트폴리오	V	V
B. 문제해결 시나리오		
C. 서술형시험	V	V
D. 논술형시험		
E. 사례연구		
F. 평가자 질문	V	V
G. 평가자 체크리스트	V	V
H. 피평가자 체크리스트		
I. 일지/저널		
J. 역할연기		
K. 구두발표		
L. 작업장평가	V	V
M. 기타		

평가 시 고려사항

- 수행준거에 제시되어 있는 내용을 성공적으로 수행할 수 있는지를 평가해야 한다.
- 평가자는 다음 사항을 평가해야 한다.
  - 조리복, 조리모 착용 및 개인 위생 준수능력
  - 위생적인 조리과정
  - 식재료 선별 능력
  - 식재료 전처리, 준비과정
  - 재료의 특성과 상태에 따라 물의 양을 가감할 수 있는 능력
  - 밥 뜸 들이기 능력
  - 화력조절 능력
  - 압력솥, 돌솥, 식기류의 안전한 취급능력
  - 조리도구의 사용 전, 후 세척
  - 조리 후 정리정돈 능력
  - 위생적인 조리과정

직업기초능력

순번	직업기초능력	
	주요영역	하위영역
1	의사소통능력	경청 능력, 기초외국어 능력, 문서이해 능력, 문서작성 능력, 의사표현 능력
2	문제해결능력	문제처리 능력, 사고력
3	자기개발능력	경력개발 능력, 자기관리 능력, 자아인식 능력
4	정보능력	정보처리 능력, 컴퓨터활용 능력
5	기술능력	기술선택 능력, 기술이해 능력, 기술적용 능력
6	직업윤리	공동체윤리, 근로윤리

개발·개선 이력

구분		내용
직무명칭(능력단위명)		한식조리(한식 밥 조리)
분류번호	기존	1301010102_14v2
	현재	1301010121_16v3,1301010122_16v3
개발·개선연도	현재	2016
	최초(1차)	2014
버전번호		v3
개발·개선기관	현재	(사)한국조리기능장협회
	최초(1차)	
향후 보완 연도(예정)		-

한식조리 밥

이론
&
실기

한식조리 밥 이론

◆ 밥

벼농사의 유래

한반도에서 벼농사는 기원전 10~15세기경에 시작된 것으로 보인다. 경기도 여주에서 이 시기에 먹었던 탄화미(炭化米)가 발견되었기 때문이다. 물론 이때 쌀만 발견된 것은 아니고, 탄화된 조나 겉보리도 발견되었다. 당시 발견된 쌀은 아마도 인도 갠지스강 하류에서 비롯되어 중국을 거쳐 우리나라로 전해진 것으로 추정된다. 우리의 식생활 형태가 주식, 부식으로 나뉘는 것은 벼농사 시작 이후다. 물론 벼가 들어오기 전에도 이미 다른 곡물들이 들어와 있었다. 기장과 조가 제일 먼저, 그다음 보리, 벼, 콩 순서로 다양한 곡식이 유입되었다. 특히 콩은 우리의 식생활에서 매우 중요한 역할을 하여 한국음식이 된장, 간장과 같은 장(醬)문화를 이루는 데 일조하였다.

쌀의 영양과 도정

쌀은 밀보다 우수하다. 우선 쌀에 함유된 영양소들이 질적으로 우수하다.

보통 쌀은 탄수화물만 함유된 식물이라 알고 있지만 80% 정도는 탄수화물이고, 그 외에 7% 정도의 양질의 단백질이 함유되어 있다. 밀의 단백질 구성비율은 10%로 쌀보다 더 높다. 그러나 체내 이용률을 표시하는 기준인 '단백가'로 보면 밀가루는 42인 반면 쌀은 70이기 때문에 쌀 영양가가 밀가루보다 더 우수하다. 특히 쌀 단백질에는 필수 아미노산인 '리신'이 밀가루나 옥수수, 조보다 2배나 많다. 그래서 질적인 면에서는 식물성 식품 중 쌀이 가장 우수한 것으로 평가받는다. 쌀은 특히 자라나는 어린이나 청소년에게 좋다. 그 밖에도 칼슘이나 철, 인, 칼륨, 나트륨, 마그네슘과 같은 미네랄이 함유되어 있고, 발암물질이나 콜레스테롤과 같은 독소를 몸 밖으로 배출시키는 섬유질이나 비타민 B1 등과 같은 다양한 영양분이 함유되어 있다. 또 쌀은 밀가루에 비해 소화가 잘된다.

탄수화물의 소화 흡수율이 98%에 달한다고 하니 남녀노소가 부담을 느끼지 않고 다 먹을 수 있는 우수한 식품이다. 그래서 아기들에게도 쌀로 만든 미음을 최초의 이유식으로 준다.

쌀은 도정 정도에 따라 나눌 수 있는데, 원곡 그대로를 먹는 것은 현미라고 하고, 현미부터 반쯤 찧는 5분도미, 7부만 찧은 7분도미, 전부를 다 깎아낸 백미 등이 있다.

도정별 영양성분

도정미	수분(%)	단백질(%)	지질(%)	탄수화물(%)	무기질(%)	티아민(%)	소화율(%)
현미	13.25	7.63	2.33	75.7	1.60	5.4	93
5분도미	14.05	7.50	1.50	76.2	0.79	4.0	97
7분도미	14.06	7.27	1.32	76.6	0.71	3.1	98
백미	14.39	7.11	0.97	77.1	0.54	1.7	98

밥의 용어

'밥'은 먹는 이에 따라 '진지', '메', '수라' 등으로 칭한다. 어른께는 '진지 잡수세요', 궁중에서 임금에게는 '수라 젓수세요' 하며, 제사 때는 '메를 올린다'고 한다. '수라'는 궁중 용어로 우리 고유의 말이 아니라 고려 때 몽골에서 들어온 말이다.

밥은 쌀을 비롯한 곡류에 물을 붓고 가열하여 호화시킨 음식으로 한국음식의 주식 중 가장 기본이 되는 음식이다. 밥은 어떤 곡식을 사용하느냐에 따라 그 이름이 달라진다. 밥은 넣는 재료에 따라 흰밥을 비롯하여 보리, 수수, 조, 콩, 팥 등을 섞어 지은 잡곡밥과 밥에 나물과 고기를 얹어 비벼 먹는 비빔밥이 있다.

찹쌀
멥쌀
동남아쌀
검은콩
완두콩
백태
녹두
팥
귀리
오색보리
호밀쌀
이집트콩
크랜베리빈
치아씨드
찰기장

비빔밥의 표기 및 종류

비빔밥은 《동국세시기》의 골동반(骨董飯)과 1890년대 말에 나온 것으로 추정되는 《시의전서》에서 골동반(부빔밥)으로 표기하면서 밥상 위에 골동반이 정착되었음을 의미한다.

헛제삿밥은 안동 지역에서 발달하였으며, 제삿날이면 함께 먹는 제사용 비빔밥으로 얼마나 맛있었는지 우리 조상들은 제사를 지내지 않는 평상시에도 일부러 제사 때 올리는 음식들을 만들어 비빔밥을 만들어 먹었는데, 이를 헛제삿밥이라 한다. 이렇게 탄생한 헛제삿밥은 안동 지역의 향토음식이 되었다. 헛제삿밥에는 각종 나물에 간단하게 찐 조기, 도미, 상어고기 등을 곁들여 밥을 비벼 먹었는데, 제수음식이었으므로 파, 마늘 등 양념이 강한 재료는 쓰지 않는다.

전주 비빔밥은 전주 지방의 향토음식으로 양지머리, 사골 육수로 지은 밥에 뜸을 들일 때 콩나물을 넣어 밥 김으로 익혀 솥 안에서 뒤섞은 다음 육회, 햇김, 녹말묵, 쑥갓 등을 곁들어 만든다. 기호에 따라 날달걀을 얹고 잣을 돌려 담는다. 콩나물국과 볶음 고추장, 참기름, 나박김치를 곁들이기도 한다. 전주는 수질이 좋아 콩나물 재배에 알맞으므로 질 좋은 콩나물 생산이 많이 되어 비빔밥에 이용하게 되었으며, 사골, 소머리 등으로 끓인 육수로 밥을 지어 밥알이 윤기가 나며 달라붙지 않고 나물과 잘 비벼진다.

진주 비빔밥은 진주의 향토음식 중의 하나로 바지락살을 넣고 끓인 보탕국 또는 선짓국을 같이 먹으며, 고슬하게 지은 밥에 데친 나물을 잘게 썰어 참깨, 참기름, 국간장을 넣어 버무리고 육회를 가운데 올리고 약고추장을 넣어 비벼 먹는다. 숙주, 고사리, 육회, 도라지, 청포묵, 김 등을 곁들여 "화반(花飯)"이라 하였다.

해주비빔밥은 황해도 향토음식으로 밥 위에 닭고기와 여러 가지 나물을 얹어서 만드는 비빔밥으로 고사리와 김을 넣고 기름에 볶은 밥을 소금으로 간을 한 후 재료를 얹어 만든다. 해주비빔밥은 해주교반이라고도 한다.

통영비빔밥은 통영의 향토음식으로 고슬고슬하게 지은 밥에 콩나물, 시금치, 부추, 톳나물, 생미역, 무, 오이, 애호박, 가지 등의 10가지 이상의 나물을 만들어 곁들인다. 통영은 해안지역이기 때문에 해조류가 매우 풍부하여 주재료로 많이 사용하였다. 두부, 조갯살 등을 넣고 끓인 두부탕국과 고추장을 곁들인다.

오곡밥의 유래

정월 상원(1월 15일)에 오곡밥을 먹는 유래는 토지신에게 오곡(쌀, 조, 기장, 콩, 팥)의 수확을 감사드리고, 제사를 올린 다음 골고루 음복해 나누어 먹던 옛 풍속에 기인한다. 이 오곡밥을 1700년대에는 뉴반(紐飯)이라고도 하였다.

오곡밥은 음양오행설에 따른 오곡의 조화를 고려해 쌀밥에 모자란 영양을 보충하기 위해 만든 음식이다. 곡류는 도정하지 않고 먹는 것이 좋다. 이것은 비타민 등 중요한 영양소와 섬유소가 도정 시 깎여 나가는 배아에 많이 들어 있기 때문이다. 따라서 이 배아가 떨어져 나간 백미만 먹으면 이러한 영양소들을 섭취할 수 없다. 특히 현대인들에게는 오곡밥이 쌀밥보다 성인병 예방에 탁월하다.

신라 소지왕 10년 정월 보름날 까마귀가 날아와 모반의 위기를 모면하도록 도와주어 이후에는 정월 보름을 '오기일'이라 정하고 역모를 알려 준 까마귀에게 보답하기 위하여 까마귀가 좋아하는 대추 등을 넣어 검은색의 약식을 만들었다.

전통적인 상차림

전통적인 상차림은 한 사람에 한 상씩 차리는데 독상(獨床) 또는 외상이라 한다. 외상에는 밥과 국이 놓인 앞쪽 오른편에 수저를 한 벌만 가지런히 놓고, 겸상은 둘이 먹도록 차리는데 손윗사람 위주로 반상을 차리고, 반대편에 손아랫사람의 수저를 놓는다. 독상 차림은 일제 강점기부터 점차 사라져 1920년대부터 가족이 한데 두레반(원반)에 둘러앉아 먹는 것이 일반적으로 퍼졌다.

반상은 일상의 밥상이다. 상을 받는 사람의 지위에 따라 궁중에서는 수라상, 반가(班家)에서는 진짓상, 서민들은 밥상이라 하였다.

밥상에 올리는 밥과 국, 찬물을 담는 그릇을 반상기라 하며 모두 뚜껑이 있고, 찬물은 쟁첩에 담는다. 반상기의 첩 수는 쟁첩에 담는 찬물의 가짓수에 따라, 3첩, 5첩, 7첩, 9첩, 12첩으로 불린다. 밥, 국, 김치, 찌개, 찜 등과 장류는 첩 수에 들지 않는다.

반상기는 밥, 찬, 국을 담는 용기로 모두 같은 재질로 형태도 비슷하게 한 벌을 이루고 모두 뚜껑이 있다. 재질은 놋(유기)이나 사기가 보통인데, 여름철인 단오 무렵부터 추석까지는 사기를 쓰고, 추석부터 다음 해 단오까지는 놋 반상기를 썼다. 반상기의 구성은 담는 음식에 따라 고유한 형태가 있어서 밥은 사발(주발), 탕은 탕기, 찌개(조치)는 조치보, 김치는 보시기, 장은 종지에 담고, 여러 가지 찬물은 쟁첩에 담고, 숭늉은 대접에 담는다. 지금은 국그릇으로 대접을 쓰지만 원래 탕기와 조치보는 주발과 같은 모양인데 조금 작다.

어른을 모시고 사는 사람은 반상을 쓰지 않는다. 어른이 잡숫고 난 대궁상을 물려받을지언정 젊은이가 감히 반상을 받지는 않는다. 장가들어 신부가 반상기 일습을 해와도 두었다가 살림날 적에 썼다. 반상을 받는 신분은 이미 한 집의 가장이 됐다는 증거이다.

밥짓기의 유래

밥(飯(반))은 신석기시대 이후 토기를 만들면서 지어 먹기 시작했다. 당시의 토기는 흙을 빚어 그대로 말리거나 낮은 온도에서 구운 것이어서 음식에서 흙냄새가 많이 났을 것으로 추정한다. 시루가 생기고 나서부터 곡물을 쪄서 먹게 되는 증숙법을 이용하였다. 지금까지 먹고 있는 약식은 증숙밥의 대표적인 예이다.

전기압력솥

스테인리스 스틸 냄비

무쇠냄비

돌솥

질솥

궁중의 밥짓기

궁중에서는 패쪽을 가지고 출퇴근을 하며 밥 짓는 일을 도맡아서 하는 노비가 있었는데, 이들은 진상된 쌀로 곱돌을 깎아서 만든 곱돌솥을 사용했다. 이때 백반(쌀밥) 또는 팥물밥(팥밥)을 꼭 한 그릇씩

만 지었다. 화로에 숯불을 담아 그 위에 곱돌솥을 올려놓고 은근히 뜸을 들여 밥을 지었다. 이러한 곱돌솥 밥 짓기는 궁중뿐만 아니라 사대부가에서도 이용되었다. 이것은 1915년에 나온 《부인필지》에 기록되어 있다.

전통적인 가마솥밥

재래의 가마솥은 바닥이 크고 넓으므로 이 형태를 잘 활용하는 밥 짓는 지혜가 있었다. 밥을 지을 때 솥 바닥의 밥밑을 놓는데 보통 삶은 보리나 물에 불린 콩을 밑에 깔고 그 위에 씻은 쌀을 펴 놓고 밥물을 손등에 가만히 부어 쌀이 움직이지 않게 한다.

밑에 생긴 누룽지는 잡곡이니 쌀을 절약하는 효과도 있고, 숭늉을 끓이면 더 구수한 맛이 난다. 또한 솥에서 된밥과 진밥을 동시에 짓는 지혜도 있다. 솥에 쌀을 안칠 때 부뚜막 쪽을 높이 하고, 앞턱을 낮게 하면 앞턱의 밥이 질고 반대쪽은 되게 된다. 밥이 다 되면 며느리가 가장 먼저 노부모와 남자의 밥그릇에 식성에 따라 진밥과 된밥을 가려서 담고, 나머지 식구들도 정해진 밥그릇에 퍼 담는다.

통과의례

인간이 태어나서 죽을 때까지 기념할 만한 일들을 통과의례(通過儀禮)라 하는데, 아이를 갖게 되면 삼신상(三神床)을 차린다. 삼신상은 산간을 하는 어머니가 순산을 빌며 차리는 상으로 산실 윗목에 자리를 마련하여 소반에 백미를 소복이 담아 놓고 정화수 한 그릇과 미역을 올려 차린다. 아기가 태어나면 그 쌀로 밥을 지어 세 사발에 가득 담고, 미역국도 세 그릇을 떠서 다시 삼신상을 차린다.

아기가 출생한 후 처음으로 산모가 먹는 미역국과 흰밥을 첫국밥이라 하며, 산모의 밥은 정성을 다한다는 뜻으로 가족의 밥과 따로 밥을 짓는데, 놋솥인 새옹에 숯불로 밥을 짓는다.

출생 후 삼칠일이 지나면 가족들이 산실에 들어가 축수를 하고 금줄을 떼어 불에 태우고 흰밥, 소고기미역국과 삼색나물 정도의 음식을 차린다. 또한 삼신과 아기의 신성함에 의미를 두고 백설기를 만들어 차렸다.

아기 백일에는 백설기, 수수경단, 오색 송편을 만들어 이웃에 골고루 돌리는데 백일떡은 백 사람이 나누어 먹어야 장수한다고 믿었다. 흰밥에 미역국, 삼색나물, 김구이, 고기구이, 생선전, 마른 찬으로 반상을 마련하여 대접한다.

만 일 년을 첫돌이라 하여 아기 밥그릇에는 백미를 담고, 대접에 국수를 담고 과일과 송편, 백설기,

수수경단 등의 떡을 목판에 담는다. 백설기는 무구함을 뜻하는데 큰 덩어리로 소담스럽게 담는다. 붉은 색은 역귀를 물리친다 하여 수수팥단지를 놓고, 송편은 소를 꽉 채워 빚는데, 이는 머리에 학문을 꽉 채운다는 뜻이 있다. 돌상의 과일은 자손 번창의 뜻을 담고 있다. 돌날 손님상은 백일과 마찬가지로 흰밥에 미역국과 찬물을 반상으로 차려 대접한다.

1. 밥의 조리

(1) 재료 준비하기

- 밥의 종류에 따라 재료를 준비한다.

(2) 재료 선별하기

- 곡류에 섞여 있는 이물질을 제거한다.
- 쌀은 색택은 맑고 윤기가 나는 것, 낟알이 잘 여물고 고르며 덜 익은 쌀이 없는 것, 수분은 15~16%로 적당히 마른 것, 피해립, 병해립, 충해립 등이 없는 것, 싸라기가 적고 돌, 뉘 등이 없는 것, 가공한 지 오래되지 않으며 쌀알에 흰 골이 생기지 않은 것, 포장이 표준 규격으로 잘 되어 있는 것을 선택한다.

(3) 재료 계량하기

- 레시피를 기준으로 필요량을 계량저울, 계량컵, 계량스푼 등으로 계량한다.

계량저울

계량컵

계량스푼

(4) 재료 세척

- 곡류는 맑은 물이 나올 때까지 4~5회 씻는다. 하지만 너무 오래 씻으면 쌀에 있는 수용성 영양소 및 단백질이나 지방 성분들이 씻겨 내려가므로 밥맛이 없어진다. 불순물, 겨 껍질, 돌 등을 제거하는 과정이다.
- 채소류는 흙, 먼지 등이 없도록 흐르는 물에 씻는다.

(5) 재료 불리기

- 밥을 짓기 전에 필요한 물을 충분히 흡수하는 과정으로 생쌀의 수분함량은 13~15%이다. 여름에는 30분, 겨울에는 90분 불리면 최대에 달한다.

(6) 조리하기

- 햅쌀은 쌀 용량의 1.1배, 보통 백미는 쌀 용량의 1.2배, 묵은쌀은 쌀 용량의 1.5배로 물을 넣는다.
- 처음 10~15분은 센 불에서, 5분은 중불에서 조리하여 전분이 호화될 수 있도록 하고, 15~20분은 약한 불에서 뜸을 들인다.

가스불의 강, 중, 약

(7) 담아내기

- 밥을 담을 그릇을 선택한다.
- 그릇에 밥을 따뜻하게 담아낸다.

밥그릇

2. 밥맛의 구성요소

밥맛은 쌀의 형질, 취반 특성과 밀접한 관계가 있다. 쌀의 형질은 품종에 영향을 받으며 수확 후 오래된 것이나 변질된 것은 밥맛이 나쁘다.

쌀의 밥맛은 아밀로오스 함량, 아미노산 함량, 휘발성 향기 성분 등에 영향을 받으며 취반 시 호화온도 등의 이화학적 특성과도 관련이 있다. 아밀로오스 함량이 높으면 충분한 팽윤이 일어나지 않아 밥의 끈기가 부족하며 완전한 호화가 어려운 반면 노화가 빨리 일어나 밥이 빨리 굳는다. 단백질 함량이 높은 쌀은 밥을 지었으면 맛이 없다고 평가되나, 쌀의 유리아미노산 중 글루탐산과 아스파라긴산 함량은 밥의 진미를 더해준다. 밥물은 pH 7~8 정도일 때 밥맛이나 외관이 가장 좋으며, 산성이 강해질수록 밥맛이 나쁘고 노화가 빨라진다. 약간의 소금(0.03%)을 넣으면 밥맛이 좋아진다.

3. 쌀의 저장

최적의 저장환경에 있어서 쌀의 저온저장이 실용화되고 있는 현재는 저장상의 관리 초점이 되는 쌀의 수분함량과 온도규제가 정확해야 한다. 저온저장은 창고 내의 온도를 10~15℃, 습도를 70~80%로 유지하는 것이 좋다.

저장형태는 벼, 현미, 정백미 등이다. 그중 벼 저장은 충해가 적으나 장소를 많이 차지하는 것이 결점이다. 저장 중의 중량 감소는 저온저장에서 낮았으며 백미, 현미, 벼의 순으로 감소가 적었다.

참고문헌

- 3대가 쓴 한국의 전통음식(황혜선 외, 교문사, 2010)
- 식품재료학(홍진숙 외, 교문사, 2005)
- 식품재료학(홍태희 외, 지구문화사, 2011)
- 아름다운 한국음식 300선((사)한국전통음식연구소, 질시루, 2008)
- 우리가 정말 알아야 할 우리 음식 백가지(한복진, 현암사, 1998)
- 우리생활100년(한복진, 현암사, 2001)
- 조선시대의 음식문화(김상보, 가람기획, 2006)
- 천년한식 견문록(정혜경, 생각의나무, 2009)
- 최신 조리원리(정상열 외, 백산출판사, 2013)
- 한국음식문화와 콘텐츠(한복진 외, 글누림, 2009)
- 한국의 음식문화(이효지, 신광출판사, 1998)
- 한혜영의 한국음식(한혜영, 효일, 2013)

흰밥

재료

- 멥쌀 2컵
- 물 2½컵

* 참고사항 : 햅쌀은 쌀 부피의 1.2배의 물, 묵은쌀은 1.5배의 물

만드는 법

재료 확인하기

1 쌀의 품질 확인하기
2 쌀에 섞여 있는 이물질 확인하여 선별하기

사용할 도구 선택하기

3 돌솥, 압력솥, 냄비 등을 선택하여 준비한다.

재료 계량하기

4 쌀의 분량을 컵으로 계량하기
5 햅쌀은 쌀 부피의 1.2배, 묵은쌀은 1.5배의 물을 계량한다.

밥의 재료 세척하기

6 쌀은 맑은 물이 나올 때까지 세척한다.

밥 재료 준비하기

7 세척한 쌀을 실온에서 20~30분간 불린다.

조리하기

8 냄비를 선택한 경우 불린 쌀과 물을 넣고 중불에서 뚜껑을 열고 끓인다.
9 냄비에 물이 자작해지면 뚜껑을 덮고 약한 불에서 15분간 뜸을 들인다.

밥 담아 완성하기

10 밥 담을 그릇을 선택한다.
11 밥을 따뜻하게 담아낸다.

평가자 체크리스트

학습내용	평가 항목	성취수준		
		상	중	하
밥 재료 준비	쌀의 품질을 확인하는 능력			
	잡곡의 품질을 확인하는 능력			
	부재료의 품질을 확인하는 능력			
돌솥 또는 솥 선택	돌솥 또는 냄비 등을 사용하는 능력			
조리시간과 방법선택	쌀알의 단단한 정도를 확인하는 능력			
	수확시기와 저장기간 등을 통한 건조상태 확인하는 능력			
물의 양 조절	조리도구, 조리법, 쌀 잡곡의 재료특성에 따라 물의 양을 조절하는 능력			
뜸 들이기	조리도구와 조리법을 고려하여 화력조절, 가열시간 조절, 뜸 들이기를 할 수 있는 능력			
그릇 선택과 밥 담기	밥을 담아 완성하는 능력			
고명 및 양념장	고명을 만드는 능력			
	양념장을 만드는 능력			

포트폴리오

학습내용	평가 항목	성취수준		
		상	중	하
밥 재료 준비	곡류의 이물질을 선별하는 능력			
	곡류의 성분을 비교하는 능력			
	재료를 손질하는 능력			
돌솥 또는 솥 선택	돌솥 또는 냄비 등을 관리하는 능력			
조리시간과 방법선택	취반하는 밥의 수분함량을 측정하는 능력			
물의 양 조절	밥 재료를 불리는 능력			
뜸 들이기	밥의 뜸을 들이는 조건을 확인하는 능력			
그릇 선택과 밥 담기	밥을 담아 완성하는 능력			
고명 및 양념장	고명을 만드는 능력			
	양념장을 만들어 밥 위에 올리거나 곁들이는 능력			

작업장 평가

학습내용	평가 항목	성취수준		
		상	중	하
밥 재료 준비	쌀과 잡곡을 필요량에 따라 계량하는 능력			
	쌀과 잡곡을 씻고 용도에 맞게 불리는 능력			
	부재료를 조리 방법에 맞게 손질하는 능력			
돌솥 또는 솥 선택	돌솥 또는 냄비 등을 선택하여 조리하고 정리정돈 하는 능력			
조리시간과 방법선택	물의 pH와 소금의 첨가량을 조절하는 능력			
물의 양 조절	밥물의 분량을 확인하는 능력			
뜸 들이기	뜸 들이기를 하는 능력			
그릇 선택과 밥 담기	밥을 담아 완성하는 능력			
고명 및 양념장	고명을 준비하는 능력			
	양념장을 준비하는 능력			

학습자 완성품 사진

오곡밥

재료

- 멥쌀 1/2컵
- 찹쌀 1½컵
- 팥 1/4컵
- 검은콩 1/4컵
- 수수 3큰술
- 차조 3큰술
- 소금 1작은술
- 밥물 2½컵

만드는 법

재료 확인하기

1 쌀의 품질 확인하기
2 쌀에 섞여 있는 이물질 확인하여 선별하기

사용할 도구 선택하기

3 돌솥, 압력솥, 냄비 등을 선택하여 준비한다.

재료 계량하기

4 각각의 재료 분량을 컵과 계량스푼으로 계량하기

밥의 재료 세척하기

5 쌀은 맑은 물이 나올 때까지 세척한다.

밥 재료 준비하기

6 세척한 쌀은 실온에서 20~30분간 불린다. 부재료는 각각 충분히 불린다.

조리하기

7 팥은 냄비에 붉은팥과 물을 넣고 끓여 첫물은 따라 버리고, 물 3컵을 부어 팥알이 터지지 않도록 삶는다.
8 냄비를 선택한 경우 불린 멥쌀, 찹쌀, 팥, 검은콩, 수수, 차조, 소금을 넣고 팥 삶은 물과 물을 섞어 물량을 조절하여 중불에서 뚜껑을 열고 끓인다.
9 냄비에 물이 자작해지면 뚜껑을 덮고 약한 불에서 15분간 뜸을 들인다.

밥 담아 완성하기

10 밥 담을 그릇을 선택한다.
11 밥을 따뜻하게 담아낸다.

평가자 체크리스트

학습내용	평가 항목	성취수준		
		상	중	하
밥 재료 준비	쌀의 품질을 확인하는 능력			
	잡곡의 품질을 확인하는 능력			
	부재료의 품질을 확인하는 능력			
돌솥 또는 솥 선택	돌솥 또는 냄비 등을 사용하는 능력			
조리시간과 방법선택	쌀알의 단단한 정도를 확인하는 능력			
	수확시기와 저장기간 등을 통한 건조상태 확인하는 능력			
물의 양 조절	조리도구, 조리법, 쌀 잡곡의 재료특성에 따라 물의 양을 조절하는 능력			
뜸 들이기	조리도구와 조리법을 고려하여 화력조절, 가열시간 조절, 뜸 들이기를 할 수 있는 능력			
그릇 선택과 밥 담기	밥을 담아 완성하는 능력			
고명 및 양념장	고명을 만드는 능력			
	양념장을 만드는 능력			

포트폴리오

학습내용	평가 항목	성취수준		
		상	중	하
밥 재료 준비	곡류의 이물질을 선별하는 능력			
	곡류의 성분을 비교하는 능력			
	재료를 손질하는 능력			
돌솥 또는 솥 선택	돌솥 또는 냄비 등을 관리하는 능력			
조리시간과 방법선택	취반하는 밥의 수분함량을 측정하는 능력			
물의 양 조절	밥 재료를 불리는 능력			
뜸 들이기	밥의 뜸을 들이는 조건을 확인하는 능력			
그릇 선택과 밥 담기	밥을 담아 완성하는 능력			
고명 및 양념장	고명을 만드는 능력			
	양념장을 만들어 밥 위에 올리거나 곁들이는 능력			

작업장 평가

학습내용	평가 항목	성취수준		
		상	중	하
밥 재료 준비	쌀과 잡곡을 필요량에 따라 계량하는 능력			
	쌀과 잡곡을 씻고 용도에 맞게 불리는 능력			
	부재료를 조리 방법에 맞게 손질하는 능력			
돌솥 또는 솥 선택	돌솥 또는 냄비 등을 선택하여 조리하고 정리정돈 하는 능력			
조리시간과 방법선택	물의 pH와 소금의 첨가량을 조절하는 능력			
물의 양 조절	밥물의 분량을 확인하는 능력			
뜸 들이기	뜸 들이기를 하는 능력			
그릇 선택과 밥 담기	밥을 담아 완성하는 능력			
고명 및 양념장	고명을 준비하는 능력			
	양념장을 준비하는 능력			

학습자 완성품 사진

영양잡곡밥

재료

- 멥쌀 1½컵
- 찹쌀 1/2컵
- 강낭콩 30g
- 양송이버섯 30g
- 밤 3개
- 대추 3개
- 은행 5알
- 물 2컵
- 식용유 1작은술
- 소금 1/8작은술

양념장

- 간장 2큰술
- 대파(다진 대파 1큰술) 20g
- 마늘(다진 마늘 1/2작은술) 5g
- 참기름 1작은술
- 참깨 1작은술

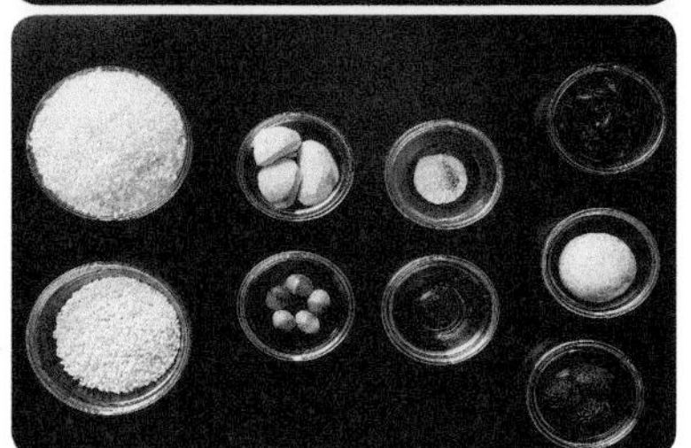

만드는 법

재료 확인하기

1 쌀의 품질 확인하기
2 쌀에 섞여 있는 이물질 확인하여 선별하기
3 강낭콩, 양송이버섯, 생률, 대추, 은행의 품질 확인하기

사용할 도구 선택하기

4 돌솥, 압력솥, 냄비 등을 선택하여 준비한다.

재료 계량하기

5 각각의 재료 분량을 컵과 계량스푼, 저울로 계량하기
6 물을 계량한다.

밥의 재료 세척하기

7 쌀은 맑은 물이 나올 때까지 세척한다.

밥 재료 준비하기

8 세척한 쌀은 실온에서 20~30분간 불린다.
9 마늘과 대파는 씻어서 물기를 제거하고, 곱게 다진다.
10 생강낭콩은 씻고, 마른 강낭콩의 경우는 찬물에서 충분히 불린다.
11 밤은 껍질을 벗기고, 6등분을 한다.
12 양송이버섯은 깨끗하게 씻은 다음, 껍질을 벗기고 6등분을 한다.
13 대추는 돌려깎아 3등분하여 썬다.
14 은행은 달구어진 팬에 식용유를 두르고, 소금 간을 하여 볶아 껍질을 벗긴다.

조리하기

15 냄비에 불린 쌀, 강낭콩, 양송이버섯, 생률, 대추, 은행, 물을 넣고 밥을 짓는다. 센 불로 끓여 중불로 줄이고, 약한 불로 뜸을 들인다.
16 간장, 대파, 마늘, 참기름, 참깨를 섞어 양념장을 만든다.

밥 담아 완성하기

17 영양잡곡밥 담을 그릇을 선택한다.
18 밥을 따뜻하게 담아낸다.

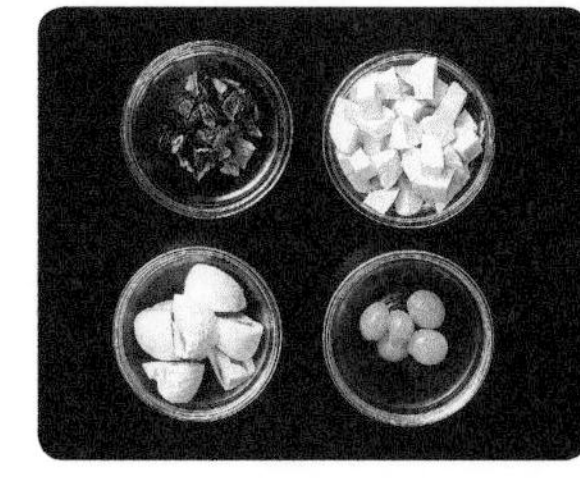

평가자 체크리스트

학습내용	평가 항목	성취수준		
		상	중	하
밥 재료 준비	쌀의 품질을 확인하는 능력			
	잡곡의 품질을 확인하는 능력			
	부재료의 품질을 확인하는 능력			
돌솥 또는 솥 선택	돌솥 또는 냄비 등을 사용하는 능력			
조리시간과 방법선택	쌀알의 단단한 정도를 확인하는 능력			
	수확시기와 저장기간 등을 통한 건조상태 확인하는 능력			
물의 양 조절	조리도구, 조리법, 쌀 잡곡의 재료특성에 따라 물의 양을 조절하는 능력			
뜸 들이기	조리도구와 조리법을 고려하여 화력조절, 가열시간 조절, 뜸 들이기를 할 수 있는 능력			
그릇 선택과 밥 담기	밥을 담아 완성하는 능력			
고명 및 양념장	고명을 만드는 능력			
	양념장을 만드는 능력			

포트폴리오

학습내용	평가 항목	성취수준		
		상	중	하
밥 재료 준비	곡류의 이물질을 선별하는 능력			
	곡류의 성분을 비교하는 능력			
	재료를 손질하는 능력			
돌솥 또는 솥 선택	돌솥 또는 냄비 등을 관리하는 능력			
조리시간과 방법선택	취반하는 밥의 수분함량을 측정하는 능력			
물의 양 조절	밥 재료를 불리는 능력			
뜸 들이기	밥의 뜸을 들이는 조건을 확인하는 능력			
그릇 선택과 밥 담기	밥을 담아 완성하는 능력			
고명 및 양념장	고명을 만드는 능력			
	양념장을 만들어 밥 위에 올리거나 곁들이는 능력			

작업장 평가

학습내용	평가 항목	성취수준		
		상	중	하
밥 재료 준비	쌀과 잡곡을 필요량에 따라 계량하는 능력			
	쌀과 잡곡을 씻고 용도에 맞게 불리는 능력			
	부재료를 조리 방법에 맞게 손질하는 능력			
돌솥 또는 솥 선택	돌솥 또는 냄비 등을 선택하여 조리하고 정리정돈 하는 능력			
조리시간과 방법선택	물의 pH와 소금의 첨가량을 조절하는 능력			
물의 양 조절	밥물의 분량을 확인하는 능력			
뜸 들이기	뜸 들이기를 하는 능력			
그릇 선택과 밥 담기	밥을 담아 완성하는 능력			
고명 및 양념장	고명을 준비하는 능력			
	양념장을 준비하는 능력			

학습자 완성품 사진

김치밥

재료

- 멥쌀 3컵
- 배추김치 150g
- 돼지고기 100g
- 콩나물 70g

고기양념

- 간장 1큰술
- 다진 대파 1/2작은술
- 다진 마늘 1/4작은술
- 생강즙 1/2작은술
- 깨소금 1/2작은술
- 후추 약간
- 참기름 1/2작은술

양념장

- 간장 3큰술
- 다진 대파 2큰술
- 다진 마늘 1작은술
- 깨소금 1작은술
- 참기름 1작은술
- 풋고추 1/2개
- 붉은 고추 1/2개
- 굵은 고춧가루 1작은술

만드는 법

재료 확인하기

1 쌀의 품질 확인하기
2 쌀에 섞여 있는 이물질 확인하여 선별하기
3 배추김치, 돼지고기, 콩나물, 대파, 마늘 등의 품질 확인하기

사용할 도구 선택하기

4 돌솥, 압력솥, 냄비, 프라이팬, 나무젓가락 등을 선택하여 준비한다.

재료 계량하기

5 각각의 재료 분량을 컵과 계량스푼, 저울로 계량하기
6 물을 계량한다.

밥의 재료 세척하기

7 쌀은 맑은 물이 나올 때까지 세척한다.(밥 재료 불리기)
8 세척한 쌀은 실온에서 20~30분간 불린다.

재료 준비하기

9 배추김치 속을 털어내고 송송 썬다.
10 돼지고기는 3cm×0.3cm×0.3cm 길이로 채를 썬다.
11 콩나물은 씻어 4cm 정도가 되도록 손질을 한다.
12 풋고추 붉은고추는 씨를 제거하고 0.3cm×0.3cm로 곱게 다진다.

조리하기

13 고기양념을 분량대로 계량하여 돼지고기를 버무린다.
14 양념장을 분량대로 계량하여 만든다.
15 냄비에 불린 쌀과 썬 김치, 양념한 돼지고기, 손질한 콩나물을 넣고 밥물을 맞추어 밥을 짓는다.

밥 담아 완성하기

16 김치밥 그릇을 선택한다.
17 그릇에 보기 좋게 김치밥을 담고, 양념장을 곁들인다.

평가자 체크리스트

학습내용	평가 항목	성취수준		
		상	중	하
밥 재료 준비	쌀의 품질을 확인하는 능력			
	잡곡의 품질을 확인하는 능력			
	부재료의 품질을 확인하는 능력			
돌솥 또는 솥 선택	돌솥 또는 냄비 등을 사용하는 능력			
조리시간과 방법선택	쌀알의 단단한 정도를 확인하는 능력			
	수확시기와 저장기간 등을 통한 건조상태 확인하는 능력			
물의 양 조절	조리도구, 조리법, 쌀 잡곡의 재료특성에 따라 물의 양을 조절하는 능력			
뜸 들이기	조리도구와 조리법을 고려하여 화력조절, 가열시간 조절, 뜸 들이기를 할 수 있는 능력			
그릇 선택과 밥 담기	밥을 담아 완성하는 능력			
고명 및 양념장	고명을 만드는 능력			
	양념장을 만드는 능력			

포트폴리오

학습내용	평가 항목	성취수준		
		상	중	하
밥 재료 준비	곡류의 이물질을 선별하는 능력			
	곡류의 성분을 비교하는 능력			
	재료를 손질하는 능력			
돌솥 또는 솥 선택	돌솥 또는 냄비 등을 관리하는 능력			
조리시간과 방법선택	취반하는 밥의 수분함량을 측정하는 능력			
물의 양 조절	밥 재료를 불리는 능력			
뜸 들이기	밥의 뜸을 들이는 조건을 확인하는 능력			
그릇 선택과 밥 담기	밥을 담아 완성하는 능력			
고명 및 양념장	고명을 만드는 능력			
	양념장을 만들어 밥 위에 올리거나 곁들이는 능력			

작업장 평가

학습내용	평가 항목	성취수준		
		상	중	하
밥 재료 준비	쌀과 잡곡을 필요량에 따라 계량하는 능력			
	쌀과 잡곡을 씻고 용도에 맞게 불리는 능력			
	부재료를 조리 방법에 맞게 손질하는 능력			
돌솥 또는 솥 선택	돌솥 또는 냄비 등을 선택하여 조리하고 정리정돈 하는 능력			
조리시간과 방법선택	물의 pH와 소금의 첨가량을 조절하는 능력			
물의 양 조절	밥물의 분량을 확인하는 능력			
뜸 들이기	뜸 들이기를 하는 능력			
그릇 선택과 밥 담기	밥을 담아 완성하는 능력			
고명 및 양념장	고명을 준비하는 능력			
	양념장을 준비하는 능력			

학습자 완성품 사진

곤드레밥

재료

- 마른 곤드레(삶은 곤드레 180g) 30g
- 멥쌀 1½컵
- 찹쌀 1/2컵
- 들기름 2큰술
- 다진 대파 1작은술
- 다진 마늘 1/2작은술
- 소금 1/2작은술

양념장

- 간장 3큰술
- 다진 대파 2큰술
- 다진 마늘 1작은술
- 깨소금 1작은술
- 참기름 1작은술
- 풋고추 1/2개
- 붉은 고추 1/2개
- 굵은 고춧가루 1작은술

만드는 법

재료 확인하기

1 쌀의 품질 확인하기
2 쌀에 섞여 있는 이물질 확인하여 선별하기
3 곤드레, 들기름, 대파, 마늘 등의 품질 확인하기

사용할 도구 선택하기

4 돌솥, 압력솥, 냄비, 프라이팬, 나무젓가락 등을 선택하여 준비한다.

재료 계량하기

5 각각의 재료 분량을 컵과 계량스푼, 저울로 계량하기
6 물을 계량한다.

밥의 재료 세척하기

7 쌀은 맑은 물이 나올 때까지 세척한다.

밥 재료 불리기

8 세척한 쌀은 실온에서 20~30분간 불린다.

재료 손질하기

9 마른 곤드레는 물에 2시간 이상 불려 1시간 정도 무르게 삶고 삶은 물에 4시간 정도 담궈 둔다.
10 잘 삶아진 곤드레는 4~5cm 길이로 먹기 좋게 썬다.

조리하기

11 곤드레에 들기름, 다진 대파, 다진 마늘, 소금을 넣어 조물조물 버무리고, 팬에 볶는다.
12 양념장을 분량대로 계량하여 만든다.
13 냄비에 불린 쌀, 볶은 곤드레나물을 넣고 밥물을 맞추어 밥을 짓는다.

밥 담아 완성하기

14 곤드레밥 그릇을 선택한다.
15 그릇에 보기 좋게 곤드레밥을 담고, 양념장을 곁들인다.

평가자 체크리스트

학습내용	평가 항목	성취수준		
		상	중	하
밥 재료 준비	쌀의 품질을 확인하는 능력			
	잡곡의 품질을 확인하는 능력			
	부재료의 품질을 확인하는 능력			
돌솥 또는 솥 선택	돌솥 또는 냄비 등을 사용하는 능력			
조리시간과 방법선택	쌀알의 단단한 정도를 확인하는 능력			
	수확시기와 저장기간 등을 통한 건조상태 확인하는 능력			
물의 양 조절	조리도구, 조리법, 쌀 잡곡의 재료특성에 따라 물의 양을 조절하는 능력			
뜸 들이기	조리도구와 조리법을 고려하여 화력조절, 가열시간 조절, 뜸 들이기를 할 수 있는 능력			
그릇 선택과 밥 담기	밥을 담아 완성하는 능력			
고명 및 양념장	고명을 만드는 능력			
	양념장을 만드는 능력			

포트폴리오

학습내용	평가 항목	성취수준		
		상	중	하
밥 재료 준비	곡류의 이물질을 선별하는 능력			
	곡류의 성분을 비교하는 능력			
	재료를 손질하는 능력			
돌솥 또는 솥 선택	돌솥 또는 냄비 등을 관리하는 능력			
조리시간과 방법선택	취반하는 밥의 수분함량을 측정하는 능력			
물의 양 조절	밥 재료를 불리는 능력			
뜸 들이기	밥의 뜸을 들이는 조건을 확인하는 능력			
그릇 선택과 밥 담기	밥을 담아 완성하는 능력			
고명 및 양념장	고명을 만드는 능력			
	양념장을 만들어 밥 위에 올리거나 곁들이는 능력			

작업장 평가

학습내용	평가 항목	성취수준		
		상	중	하
밥 재료 준비	쌀과 잡곡을 필요량에 따라 계량하는 능력			
	쌀과 잡곡을 씻고 용도에 맞게 불리는 능력			
	부재료를 조리 방법에 맞게 손질하는 능력			
돌솥 또는 솥 선택	돌솥 또는 냄비 등을 선택하여 조리하고 정리정돈 하는 능력			
조리시간과 방법선택	물의 pH와 소금의 첨가량을 조절하는 능력			
물의 양 조절	밥물의 분량을 확인하는 능력			
뜸 들이기	뜸 들이기를 하는 능력			
그릇 선택과 밥 담기	밥을 담아 완성하는 능력			
고명 및 양념장	고명을 준비하는 능력			
	양념장을 준비하는 능력			

학습자 완성품 사진

팥밥(홍반)

재료

- 멥쌀 2컵
- 붉은팥 3큰술
- 물 2½컵

만드는 법

재료 확인하기

1 쌀의 품질 확인하기
2 쌀에 섞여 있는 이물질 확인하여 선별하기
3 붉은팥의 품질 확인하기

사용할 도구 선택하기

4 돌솥, 압력솥, 냄비 등을 선택하여 준비한다.

재료 계량하기

5 각각의 재료 분량을 컵과 계량스푼, 저울로 계량하기
6 물을 계량한다.

밥의 재료 세척하기

7 쌀은 맑은 물이 나올 때까지 세척한다.

밥 재료 불리기

8 세척한 쌀은 실온에서 20~30분간 불린다.

조리하기

9 냄비에 붉은팥과 물을 넣고 끓여 첫물은 따라 버리고, 물 2컵을 부어 팥알이 터지지 않도록 삶는다.
10 냄비에 불린 쌀과 잘 삶아진 팥을 넣고 팥 삶은 물과 물을 합하여 밥물을 붓고 중불에서 끓인다. 냄비에 물이 자작해지면 뚜껑을 덮고 약한 불에서 15분간 뜸을 들여 밥을 짓는다.
11 팥 삶은 물에 찹쌀로 밥을 지으면 홍반이 된다.

밥 담아 완성하기

12 팥밥의 그릇을 선택한다.
13 그릇에 보기 좋게 팥밥을 담는다.

평가자 체크리스트

학습내용	평가 항목	성취수준		
		상	중	하
밥 재료 준비	쌀의 품질을 확인하는 능력			
	잡곡의 품질을 확인하는 능력			
	부재료의 품질을 확인하는 능력			
돌솥 또는 솥 선택	돌솥 또는 냄비 등을 사용하는 능력			
조리시간과 방법선택	쌀알의 단단한 정도를 확인하는 능력			
	수확시기와 저장기간 등을 통한 건조상태 확인하는 능력			
물의 양 조절	조리도구, 조리법, 쌀 잡곡의 재료특성에 따라 물의 양을 조절하는 능력			
뜸 들이기	조리도구와 조리법을 고려하여 화력조절, 가열시간 조절, 뜸 들이기를 할 수 있는 능력			
그릇 선택과 밥 담기	밥을 담아 완성하는 능력			
고명 및 양념장	고명을 만드는 능력			
	양념장을 만드는 능력			

포트폴리오

학습내용	평가 항목	성취수준		
		상	중	하
밥 재료 준비	곡류의 이물질을 선별하는 능력			
	곡류의 성분을 비교하는 능력			
	재료를 손질하는 능력			
돌솥 또는 솥 선택	돌솥 또는 냄비 등을 관리하는 능력			
조리시간과 방법선택	취반하는 밥의 수분함량을 측정하는 능력			
물의 양 조절	밥 재료를 불리는 능력			
뜸 들이기	밥의 뜸을 들이는 조건을 확인하는 능력			
그릇 선택과 밥 담기	밥을 담아 완성하는 능력			
고명 및 양념장	고명을 만드는 능력			
	양념장을 만들어 밥 위에 올리거나 곁들이는 능력			

작업장 평가

학습내용	평가 항목	성취수준		
		상	중	하
밥 재료 준비	쌀과 잡곡을 필요량에 따라 계량하는 능력			
	쌀과 잡곡을 씻고 용도에 맞게 불리는 능력			
	부재료를 조리 방법에 맞게 손질하는 능력			
돌솥 또는 솥 선택	돌솥 또는 냄비 등을 선택하여 조리하고 정리정돈 하는 능력			
조리시간과 방법선택	물의 pH와 소금의 첨가량을 조절하는 능력			
물의 양 조절	밥물의 분량을 확인하는 능력			
뜸 들이기	뜸 들이기를 하는 능력			
그릇 선택과 밥 담기	밥을 담아 완성하는 능력			
고명 및 양념장	고명을 준비하는 능력			
	양념장을 준비하는 능력			

학습자 완성품 사진

보리밥

재료

- 멥쌀 2컵
- 보리쌀 30g
- 물 2½컵

만드는 법

재료 확인하기

1 쌀의 품질 확인하기
2 멥쌀, 보리쌀에 섞여 있는 이물질 확인하여 선별하기

사용할 도구 선택하기

3 돌솥, 압력솥, 냄비 등을 선택하여 준비한다.

재료 계량하기

4 각각의 재료 분량을 컵과 계량스푼, 저울로 계량하기
5 물을 계량한다.

밥의 재료 세척하기

6 쌀은 맑은 물이 나올 때까지 세척한다.

밥 재료 불리기

7 세척한 멥쌀은 실온에서 20~30분간 불린다.
8 보리쌀은 실온에서 2시간 불린다.

조리하기

9 솥 밑에 준비된 보리쌀을 깔고 위에 쌀을 안친 다음 분량의 물을 가만히 붓고 밥을 짓는다.

밥 담아 완성하기

10 보리밥의 그릇을 선택한다.
11 그릇에 보기 좋게 보리밥을 담는다.

평가자 체크리스트

학습내용	평가 항목	성취수준		
		상	중	하
밥 재료 준비	쌀의 품질을 확인하는 능력			
	잡곡의 품질을 확인하는 능력			
	부재료의 품질을 확인하는 능력			
돌솥 또는 솥 선택	돌솥 또는 냄비 등을 사용하는 능력			
조리시간과 방법선택	쌀알의 단단한 정도를 확인하는 능력			
	수확시기와 저장기간 등을 통한 건조상태 확인하는 능력			
물의 양 조절	조리도구, 조리법, 쌀 잡곡의 재료특성에 따라 물의 양을 조절하는 능력			
뜸 들이기	조리도구와 조리법을 고려하여 화력조절, 가열시간 조절, 뜸 들이기를 할 수 있는 능력			
그릇 선택과 밥 담기	밥을 담아 완성하는 능력			
고명 및 양념장	고명을 만드는 능력			
	양념장을 만드는 능력			

포트폴리오

학습내용	평가 항목	성취수준		
		상	중	하
밥 재료 준비	곡류의 이물질을 선별하는 능력			
	곡류의 성분을 비교하는 능력			
	재료를 손질하는 능력			
돌솥 또는 솥 선택	돌솥 또는 냄비 등을 관리하는 능력			
조리시간과 방법선택	취반하는 밥의 수분함량을 측정하는 능력			
물의 양 조절	밥 재료를 불리는 능력			
뜸 들이기	밥의 뜸을 들이는 조건을 확인하는 능력			
그릇 선택과 밥 담기	밥을 담아 완성하는 능력			
고명 및 양념장	고명을 만드는 능력			
	양념장을 만들어 밥 위에 올리거나 곁들이는 능력			

작업장 평가

학습내용	평가 항목	성취수준		
		상	중	하
밥 재료 준비	쌀과 잡곡을 필요량에 따라 계량하는 능력			
	쌀과 잡곡을 씻고 용도에 맞게 불리는 능력			
	부재료를 조리 방법에 맞게 손질하는 능력			
돌솥 또는 솥 선택	돌솥 또는 냄비 등을 선택하여 조리하고 정리정돈 하는 능력			
조리시간과 방법선택	물의 pH와 소금의 첨가량을 조절하는 능력			
물의 양 조절	밥물의 분량을 확인하는 능력			
뜸 들이기	뜸 들이기를 하는 능력			
그릇 선택과 밥 담기	밥을 담아 완성하는 능력			
고명 및 양념장	고명을 준비하는 능력			
	양념장을 준비하는 능력			

학습자 완성품 사진

채소고기밥

재료

- 멥쌀 2½컵
- 소고기 60g
- 우엉 60g
- 당근 80g
- 마른 표고버섯 6장
- 완두콩 50g
- 물 3컵

고기양념

- 간장 1/2큰술
- 다진 대파 1/2작은술
- 다진 마늘 1/4작은술
- 생강즙 1/2작은술
- 깨소금 1/2작은술
- 후추 약간
- 참기름 1/2작은술

양념장

- 간장 3큰술
- 다진 대파 2큰술
- 다진 마늘 1작은술
- 깨소금 1작은술
- 참기름 1작은술
- 풋고추 1/2개
- 붉은 고추 1/2개
- 굵은 고춧가루 1작은술

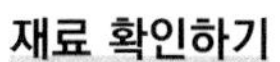

만드는 법

재료 확인하기

1 쌀의 품질 확인하기
2 쌀에 섞여 있는 이물질 확인하여 선별하기
3 소고기, 우엉, 당근, 표고버섯, 완두콩, 대파, 마늘 등의 품질 확인하기

사용할 도구 선택하기

4 돌솥, 압력솥, 냄비, 프라이팬, 나무젓가락 등을 선택하여 준비한다.

재료 계량하기

5 각각의 재료 분량을 컵과 계량스푼, 저울로 계량하기
6 물을 계량한다.

밥의 재료 세척하기

7 쌀은 맑은 물이 나올 때까지 세척한다.

밥 재료 불리기

8 세척한 쌀은 실온에서 20~30분간 불린다.
9 마른 표고버섯은 미지근한 물에 불린다.

재료 준비하기

10 소고기는 3cm×0.3cm×0.3cm로 채를 썬다.
11 우엉, 당근은 껍질을 벗기고, 3cm×0.3cm×0.3cm로 채를 썬다.
12 불린 표고버섯은 3cm×0.3cm×0.3cm로 채를 썬다.
13 완두콩은 깨끗하게 씻는다.
14 풋고추, 붉은고추는 씨를 제거하고 0.3cm×0.3cm로 곱게 다진다.

조리하기

15 고기양념을 분량대로 계량하여 소고기를 버무려 달구어진 팬에 식용유를 두르고 볶는다.
16 솥에 쌀, 소고기, 우엉, 당근, 표고버섯, 완두콩을 넣고 물 3컵을 붓고 밥을 짓는다.
17 분량대로 계량하여 양념장을 만든다.

밥 담아 완성하기

18 채소고기밥의 그릇을 선택한다.
19 그릇에 보기 좋게 채소고기밥을 담고, 양념장을 곁들인다.

평가자 체크리스트

학습내용	평가 항목	성취수준		
		상	중	하
밥 재료 준비	쌀의 품질을 확인하는 능력			
	잡곡의 품질을 확인하는 능력			
	부재료의 품질을 확인하는 능력			
돌솥 또는 솥 선택	돌솥 또는 냄비 등을 사용하는 능력			
조리시간과 방법선택	쌀알의 단단한 정도를 확인하는 능력			
	수확시기와 저장기간 등을 통한 건조상태 확인하는 능력			
물의 양 조절	조리도구, 조리법, 쌀 잡곡의 재료특성에 따라 물의 양을 조절하는 능력			
뜸 들이기	조리도구와 조리법을 고려하여 화력조절, 가열시간 조절, 뜸 들이기를 할 수 있는 능력			
그릇 선택과 밥 담기	밥을 담아 완성하는 능력			
고명 및 양념장	고명을 만드는 능력			
	양념장을 만드는 능력			

포트폴리오

학습내용	평가 항목	성취수준		
		상	중	하
밥 재료 준비	곡류의 이물질을 선별하는 능력			
	곡류의 성분을 비교하는 능력			
	재료를 손질하는 능력			
돌솥 또는 솥 선택	돌솥 또는 냄비 등을 관리하는 능력			
조리시간과 방법선택	취반하는 밥의 수분함량을 측정하는 능력			
물의 양 조절	밥 재료를 불리는 능력			
뜸 들이기	밥의 뜸을 들이는 조건을 확인하는 능력			
그릇 선택과 밥 담기	밥을 담아 완성하는 능력			
고명 및 양념장	고명을 만드는 능력			
	양념장을 만들어 밥 위에 올리거나 곁들이는 능력			

작업장 평가

학습내용	평가 항목	성취수준		
		상	중	하
밥 재료 준비	쌀과 잡곡을 필요량에 따라 계량하는 능력			
	쌀과 잡곡을 씻고 용도에 맞게 불리는 능력			
	부재료를 조리 방법에 맞게 손질하는 능력			
돌솥 또는 솥 선택	돌솥 또는 냄비 등을 선택하여 조리하고 정리정돈 하는 능력			
조리시간과 방법선택	물의 pH와 소금의 첨가량을 조절하는 능력			
물의 양 조절	밥물의 분량을 확인하는 능력			
뜸 들이기	뜸 들이기를 하는 능력			
그릇 선택과 밥 담기	밥을 담아 완성하는 능력			
고명 및 양념장	고명을 준비하는 능력			
	양념장을 준비하는 능력			

학습자 완성품 사진

차조밥

재료

- 멥쌀 2컵
- 차조 80g
- 물 2½컵

만드는 법

재료 확인하기

1 쌀, 차조의 품질 확인하기
2 쌀, 차조에 섞여 있는 이물질 확인하여 선별하기

사용할 도구 선택하기

3 돌솥, 압력솥, 냄비 등을 선택하여 준비한다.

재료 계량하기

4 각각의 재료 분량을 컵과 계량스푼, 저울로 계량하기
5 물을 계량한다.

밥의 재료 세척하기

6 쌀, 차조는 맑은 물이 나올 때까지 세척한다.

밥 재료 불리기

7 세척한 쌀, 차조는 실온에서 20~30분간 불린다.

조리하기

8 솥에 불린 쌀, 불린 차조, 물을 넣어 밥을 짓는다.

밥 담아 완성하기

9 차조밥의 그릇을 선택한다.
10 그릇에 보기 좋게 차조밥을 담는다.

평가자 체크리스트

학습내용	평가 항목	성취수준		
		상	중	하
밥 재료 준비	쌀의 품질을 확인하는 능력			
	잡곡의 품질을 확인하는 능력			
	부재료의 품질을 확인하는 능력			
돌솥 또는 솥 선택	돌솥 또는 냄비 등을 사용하는 능력			
조리시간과 방법선택	쌀알의 단단한 정도를 확인하는 능력			
	수확시기와 저장기간 등을 통한 건조상태 확인하는 능력			
물의 양 조절	조리도구, 조리법, 쌀 잡곡의 재료특성에 따라 물의 양을 조절하는 능력			
뜸 들이기	조리도구와 조리법을 고려하여 화력조절, 가열시간 조절, 뜸 들이기를 할 수 있는 능력			
그릇 선택과 밥 담기	밥을 담아 완성하는 능력			
고명 및 양념장	고명을 만드는 능력			
	양념장을 만드는 능력			

포트폴리오

학습내용	평가 항목	성취수준		
		상	중	하
밥 재료 준비	곡류의 이물질을 선별하는 능력			
	곡류의 성분을 비교하는 능력			
	재료를 손질하는 능력			
돌솥 또는 솥 선택	돌솥 또는 냄비 등을 관리하는 능력			
조리시간과 방법선택	취반하는 밥의 수분함량을 측정하는 능력			
물의 양 조절	밥 재료를 불리는 능력			
뜸 들이기	밥의 뜸을 들이는 조건을 확인하는 능력			
그릇 선택과 밥 담기	밥을 담아 완성하는 능력			
고명 및 양념장	고명을 만드는 능력			
	양념장을 만들어 밥 위에 올리거나 곁들이는 능력			

작업장 평가

학습내용	평가 항목	성취수준		
		상	중	하
밥 재료 준비	쌀과 잡곡을 필요량에 따라 계량하는 능력			
	쌀과 잡곡을 씻고 용도에 맞게 불리는 능력			
	부재료를 조리 방법에 맞게 손질하는 능력			
돌솥 또는 솥 선택	돌솥 또는 냄비 등을 선택하여 조리하고 정리정돈 하는 능력			
조리시간과 방법선택	물의 pH와 소금의 첨가량을 조절하는 능력			
물의 양 조절	밥물의 분량을 확인하는 능력			
뜸 들이기	뜸 들이기를 하는 능력			
그릇 선택과 밥 담기	밥을 담아 완성하는 능력			
고명 및 양념장	고명을 준비하는 능력			
	양념장을 준비하는 능력			

학습자 완성품 사진

감자밥

재료

- 멥쌀 2컵
- 감자 150g
- 물 2½컵

만드는 법

재료 확인하기

1 쌀의 품질 확인하기
2 쌀에 섞여 있는 이물질 확인하여 선별하기
3 감자의 품질 확인하기

사용할 도구 선택하기

4 돌솥, 압력솥, 냄비 등을 선택하여 준비한다.

재료 계량하기

5 각각의 재료 분량을 컵과 계량스푼, 저울로 계량하기
6 물을 계량한다.

밥의 재료 세척하기

7 쌀은 맑은 물이 나올 때까지 세척한다.

밥 재료 불리기

8 세척한 쌀은 실온에서 20~30분간 불린다.

재료 준비하기

9 감자는 씻어서 껍질을 벗기고, 1cm×1cm 크기로 썬다.

조리하기

10 냄비에 불린 쌀, 감자 썬 것, 물을 넣어 밥을 짓는다.

밥 담아 완성하기

11 감자밥의 그릇을 선택한다.
12 그릇에 보기 좋게 감자밥을 담는다.

평가자 체크리스트

학습내용	평가 항목	성취수준		
		상	중	하
밥 재료 준비	쌀의 품질을 확인하는 능력			
	잡곡의 품질을 확인하는 능력			
	부재료의 품질을 확인하는 능력			
돌솥 또는 솥 선택	돌솥 또는 냄비 등을 사용하는 능력			
조리시간과 방법선택	쌀알의 단단한 정도를 확인하는 능력			
	수확시기와 저장기간 등을 통한 건조상태 확인하는 능력			
물의 양 조절	조리도구, 조리법, 쌀 잡곡의 재료특성에 따라 물의 양을 조절하는 능력			
뜸 들이기	조리도구와 조리법을 고려하여 화력조절, 가열시간 조절, 뜸 들이기를 할 수 있는 능력			
그릇 선택과 밥 담기	밥을 담아 완성하는 능력			
고명 및 양념장	고명을 만드는 능력			
	양념장을 만드는 능력			

포트폴리오

학습내용	평가 항목	성취수준		
		상	중	하
밥 재료 준비	곡류의 이물질을 선별하는 능력			
	곡류의 성분을 비교하는 능력			
	재료를 손질하는 능력			
돌솥 또는 솥 선택	돌솥 또는 냄비 등을 관리하는 능력			
조리시간과 방법선택	취반하는 밥의 수분함량을 측정하는 능력			
물의 양 조절	밥 재료를 불리는 능력			
뜸 들이기	밥의 뜸을 들이는 조건을 확인하는 능력			
그릇 선택과 밥 담기	밥을 담아 완성하는 능력			
고명 및 양념장	고명을 만드는 능력			
	양념장을 만들어 밥 위에 올리거나 곁들이는 능력			

작업장 평가

학습내용	평가 항목	성취수준		
		상	중	하
밥 재료 준비	쌀과 잡곡을 필요량에 따라 계량하는 능력			
	쌀과 잡곡을 씻고 용도에 맞게 불리는 능력			
	부재료를 조리 방법에 맞게 손질하는 능력			
돌솥 또는 솥 선택	돌솥 또는 냄비 등을 선택하여 조리하고 정리정돈 하는 능력			
조리시간과 방법선택	물의 pH와 소금의 첨가량을 조절하는 능력			
물의 양 조절	밥물의 분량을 확인하는 능력			
뜸 들이기	뜸 들이기를 하는 능력			
그릇 선택과 밥 담기	밥을 담아 완성하는 능력			
고명 및 양념장	고명을 준비하는 능력			
	양념장을 준비하는 능력			

학습자 완성품 사진

콩밥

재료

- 멥쌀 2컵
- 마른 서리태(검은콩) 40g
- 물 2¼컵

만드는 법

재료 확인하기

1 쌀, 서리태(검은콩)의 품질 확인하기
2 쌀, 서리태(검은콩)에 섞여 있는 이물질 확인하여 선별하기

사용할 도구 선택하기

3 돌솥, 압력솥, 냄비 등을 선택하여 준비한다.

재료 계량하기

4 각각의 재료 분량을 컵과 계량스푼, 저울로 계량하기
5 물을 계량한다.

밥의 재료 세척하기

6 쌀, 서리태(검은콩)는 맑은 물이 나올 때까지 세척한다.

밥 재료 불리기

7 세척한 쌀은 실온에서 20~30분간 불린다.
8 서리태(검은콩)는 실온에서 4시간 이상 충분히 불린다.

조리하기

9 솥에 불린 쌀, 불린 서리태(검은콩), 물을 넣어 밥을 짓는다.

밥 담아 완성하기

10 콩밥의 그릇을 선택한다.
11 그릇에 보기 좋게 콩밥을 담는다.

평가자 체크리스트

학습내용	평가 항목	성취수준		
		상	중	하
밥 재료 준비	쌀의 품질을 확인하는 능력			
	잡곡의 품질을 확인하는 능력			
	부재료의 품질을 확인하는 능력			
돌솥 또는 솥 선택	돌솥 또는 냄비 등을 사용하는 능력			
조리시간과 방법선택	쌀알의 단단한 정도를 확인하는 능력			
	수확시기와 저장기간 등을 통한 건조상태 확인하는 능력			
물의 양 조절	조리도구, 조리법, 쌀 잡곡의 재료특성에 따라 물의 양을 조절하는 능력			
뜸 들이기	조리도구와 조리법을 고려하여 화력조절, 가열시간 조절, 뜸 들이기를 할 수 있는 능력			
그릇 선택과 밥 담기	밥을 담아 완성하는 능력			
고명 및 양념장	고명을 만드는 능력			
	양념장을 만드는 능력			

포트폴리오

학습내용	평가 항목	성취수준		
		상	중	하
밥 재료 준비	곡류의 이물질을 선별하는 능력			
	곡류의 성분을 비교하는 능력			
	재료를 손질하는 능력			
돌솥 또는 솥 선택	돌솥 또는 냄비 등을 관리하는 능력			
조리시간과 방법선택	취반하는 밥의 수분함량을 측정하는 능력			
물의 양 조절	밥 재료를 불리는 능력			
뜸 들이기	밥의 뜸을 들이는 조건을 확인하는 능력			
그릇 선택과 밥 담기	밥을 담아 완성하는 능력			
고명 및 양념장	고명을 만드는 능력			
	양념장을 만들어 밥 위에 올리거나 곁들이는 능력			

작업장 평가

학습내용	평가 항목	성취수준		
		상	중	하
밥 재료 준비	쌀과 잡곡을 필요량에 따라 계량하는 능력			
	쌀과 잡곡을 씻고 용도에 맞게 불리는 능력			
	부재료를 조리 방법에 맞게 손질하는 능력			
돌솥 또는 솥 선택	돌솥 또는 냄비 등을 선택하여 조리하고 정리정돈 하는 능력			
조리시간과 방법선택	물의 pH와 소금의 첨가량을 조절하는 능력			
물의 양 조절	밥물의 분량을 확인하는 능력			
뜸 들이기	뜸 들이기를 하는 능력			
그릇 선택과 밥 담기	밥을 담아 완성하는 능력			
고명 및 양념장	고명을 준비하는 능력			
	양념장을 준비하는 능력			

학습자 완성품 사진

돌솥밥

재료

- 멥쌀 100g
- 찹쌀 20g
- 청주 1큰술
- 다시마(8cm) 1개
- 새우살 40g
- 죽순 50g
- 조갯살 30g
- 양송이버섯 3개
- 불린 표고버섯 1개
- 대추 2개

만드는 법

재료 확인하기

1 멥쌀, 찹쌀, 다시마, 새우, 죽순, 조갯살, 양송이버섯, 불린 표고버섯 등을 확인하기

사용할 도구 선택하기

2 돌솥, 도마, 냄비, 나무젓가락, 칼 등 준비하기

재료 계량하기

3 각각의 재료 분량을 컵과 저울 등으로 계량하기

재료 준비하기

4 멥쌀, 찹쌀은 깨끗하게 씻어 물에 담가 30분 정도 불린다.
5 다시마는 젖은 면보로 닦거나 흐르는 물에 빠르게 씻어 1cm×1cm로 자른다.
6 새우살은 껍질과 내장 등 불순물을 제거하고 씻어 물기를 뺀다.
7 죽순은 4cm 길이로 채를 썬다.
8 조갯살은 흐르는 물에 빠르게 씻어 물기를 뺀다.
9 양송이버섯은 흐르는 물에 씻어 껍질을 제거하고 6등분 한다.
10 불린 표고버섯은 포를 떠서 곱게 채를 썬다.

조리하기

11 끓는 소금물에 죽순채를 넣어 데치고 찬물에 헹군다.
12 돌솥에 불린 쌀과 물을 1:1을 넣고 준비된 재료를 위에 얹어 센 불로 끓인다. 물이 끓어오르면 중불로 줄이고 물이 보이지 않으면 뚜껑을 덮고 약불로 줄여 뜸을 들인다.

담아 완성하기

13 돌솥 밑 받침을 준비하여 완성된 솥밥을 올려 낸다.
14 덜어 먹을 수 있는 그릇을 함께 준비한다. 양념장을 만들어서 곁들여도 좋다.

평가자 체크리스트

학습내용	평가 항목	성취수준		
		상	중	하
밥 재료 준비	쌀의 품질을 확인하는 능력			
	잡곡의 품질을 확인하는 능력			
	부재료의 품질을 확인하는 능력			
돌솥 또는 솥 선택	돌솥 또는 냄비 등을 사용하는 능력			
조리시간과 방법선택	쌀알의 단단한 정도를 확인하는 능력			
	수확시기와 저장기간 등을 통한 건조상태 확인하는 능력			
물의 양 조절	조리도구, 조리법, 쌀 잡곡의 재료특성에 따라 물의 양을 조절하는 능력			
뜸 들이기	조리도구와 조리법을 고려하여 화력조절, 가열시간 조절, 뜸 들이기를 할 수 있는 능력			
그릇 선택과 밥 담기	밥을 담아 완성하는 능력			
고명 및 양념장	고명을 만드는 능력			
	양념장을 만드는 능력			

포트폴리오

학습내용	평가 항목	성취수준		
		상	중	하
밥 재료 준비	곡류의 이물질을 선별하는 능력			
	곡류의 성분을 비교하는 능력			
	재료를 손질하는 능력			
돌솥 또는 솥 선택	돌솥 또는 냄비 등을 관리하는 능력			
조리시간과 방법선택	취반하는 밥의 수분함량을 측정하는 능력			
물의 양 조절	밥 재료를 불리는 능력			
뜸 들이기	밥의 뜸을 들이는 조건을 확인하는 능력			
그릇 선택과 밥 담기	밥을 담아 완성하는 능력			
고명 및 양념장	고명을 만드는 능력			
	양념장을 만들어 밥 위에 올리거나 곁들이는 능력			

작업장 평가

학습내용	평가 항목	성취수준		
		상	중	하
밥 재료 준비	쌀과 잡곡을 필요량에 따라 계량하는 능력			
	쌀과 잡곡을 씻고 용도에 맞게 불리는 능력			
	부재료를 조리 방법에 맞게 손질하는 능력			
돌솥 또는 솥 선택	돌솥 또는 냄비 등을 선택하여 조리하고 정리정돈 하는 능력			
조리시간과 방법선택	물의 pH와 소금의 첨가량을 조절하는 능력			
물의 양 조절	밥물의 분량을 확인하는 능력			
뜸 들이기	뜸 들이기를 하는 능력			
그릇 선택과 밥 담기	밥을 담아 완성하는 능력			
고명 및 양념장	고명을 준비하는 능력			
	양념장을 준비하는 능력			

학습자 완성품 사진

홍합밥

재료

- 멥쌀 100g
- 찹쌀 20g
- 홍합 100g
- 당근 30g
- 연근 30g
- 고구마 50g
- 청주 1큰술

양념장

- 붉은 고추 1/2개
- 대파 20g
- 마늘 1개
- 참깨 1작은술
- 참기름 1큰술
- 설탕 1/3작은술
- 간장 1큰술
- 고춧가루 1/2작은술

소금물

- 물 2컵, 소금 1작은술

기타

- 겨울 철에는 톳을 넣어 같이 하면 맛도 영양도 더 좋다.

만드는 법

재료 확인하기

1 멥쌀, 찹쌀, 홍합, 당근, 연근, 고구마, 청주, 붉은 고추, 대파, 마늘, 참깨, 설탕, 간장 등을 확인하기

사용할 도구 선택하기

2 솥, 도마, 팬, 나무젓가락 등 준비하기

재료 계량하기

3 각각의 재료분량을 컵과 저울 등으로 계량하기

재료 준비하기

4 멥쌀, 찹쌀은 깨끗하게 씻어 물에 담가 30분 정도 불린다.
5 홍합은 수염을 제거하고 소금물에 씻어 청주로 버무려 둔다.
6 당근과 고구마는 껍질을 제거하고 1cm×1cm로 썬다.
7 연근은 껍질을 제거하고 반달모양으로 0.3cm 두께로 썬다.
8 붉은 고추, 대파, 마늘을 곱게 다진다.

조리하기

9 솥에 불린 쌀과 물을 1:1을 넣고 준비된 재료를 위에 얹어 센 불로 끓인다. 물이 끓어오르면 중불로 줄이고 물이 보이지 않으면 뚜껑을 덮고 약불로 줄여 뜸을 들인다.

양념장 만들기

10 준비된 재료를 섞어 양념장을 만든다.

담아 완성하기

11 홍합밥을 비벼 먹기 좋은 그릇을 선택한다.
12 홍합밥을 그릇에 담고 양념장을 곁들여 낸다.

평가자 체크리스트

학습내용	평가 항목	성취수준		
		상	중	하
밥 재료 준비	쌀의 품질을 확인하는 능력			
	잡곡의 품질을 확인하는 능력			
	부재료의 품질을 확인하는 능력			
돌솥 또는 솥 선택	돌솥 또는 냄비 등을 사용하는 능력			
조리시간과 방법선택	쌀알의 단단한 정도를 확인하는 능력			
	수확시기와 저장기간 등을 통한 건조상태 확인하는 능력			
물의 양 조절	조리도구, 조리법, 쌀 잡곡의 재료특성에 따라 물의 양을 조절하는 능력			
뜸 들이기	조리도구와 조리법을 고려하여 화력조절, 가열시간 조절, 뜸 들이기를 할 수 있는 능력			
그릇 선택과 밥 담기	밥을 담아 완성하는 능력			
고명 및 양념장	고명을 만드는 능력			
	양념장을 만드는 능력			

포트폴리오

학습내용	평가 항목	성취수준		
		상	중	하
밥 재료 준비	곡류의 이물질을 선별하는 능력			
	곡류의 성분을 비교하는 능력			
	재료를 손질하는 능력			
돌솥 또는 솥 선택	돌솥 또는 냄비 등을 관리하는 능력			
조리시간과 방법선택	취반하는 밥의 수분함량을 측정하는 능력			
물의 양 조절	밥 재료를 불리는 능력			
뜸 들이기	밥의 뜸을 들이는 조건을 확인하는 능력			
그릇 선택과 밥 담기	밥을 담아 완성하는 능력			
고명 및 양념장	고명을 만드는 능력			
	양념장을 만들어 밥 위에 올리거나 곁들이는 능력			

작업장 평가

학습내용	평가 항목	성취수준		
		상	중	하
밥 재료 준비	쌀과 잡곡을 필요량에 따라 계량하는 능력			
	쌀과 잡곡을 씻고 용도에 맞게 불리는 능력			
	부재료를 조리 방법에 맞게 손질하는 능력			
돌솥 또는 솥 선택	돌솥 또는 냄비 등을 선택하여 조리하고 정리정돈 하는 능력			
조리시간과 방법선택	물의 pH와 소금의 첨가량을 조절하는 능력			
물의 양 조절	밥물의 분량을 확인하는 능력			
뜸 들이기	뜸 들이기를 하는 능력			
그릇 선택과 밥 담기	밥을 담아 완성하는 능력			
고명 및 양념장	고명을 준비하는 능력			
	양념장을 준비하는 능력			

학습자 완성품 사진

메밀밥

재료

- 멥쌀 100g
- 찹쌀 20g
- 메밀쌀 3큰술

만드는 법

재료 확인하기

1 멥쌀, 찹쌀, 메밀쌀을 확인하기

사용할 도구 선택하기

2 솥, 믹싱볼을 준비하기

재료 계량하기

3 각각의 재료분량을 컵과 저울 등으로 계량하기

재료 준비하기

4 멥쌀, 찹쌀은 깨끗하게 씻어 물에 담가 30분 정도 불린다.
5 메밀쌀은 밥을 하기 직전에 씻는다.

조리하기

6 솥에 불린 쌀과 물을 1:1을 넣고 메밀쌀 위에 얹어 센 불로 끓인다. 물이 끓어오르면 중불로 줄이고 물이 보이지 않으면 뚜껑을 덮고 약불로 줄여 뜸을 들인다.

담아 완성하기

7 메밀밥을 담을 그릇을 선택한다.
8 메밀밥을 보기 좋게 담는다.

평가자 체크리스트

학습내용	평가 항목	성취수준		
		상	중	하
밥 재료 준비	쌀의 품질을 확인하는 능력			
	잡곡의 품질을 확인하는 능력			
	부재료의 품질을 확인하는 능력			
돌솥 또는 솥 선택	돌솥 또는 냄비 등을 사용하는 능력			
조리시간과 방법선택	쌀알의 단단한 정도를 확인하는 능력			
	수확시기와 저장기간 등을 통한 건조상태 확인하는 능력			
물의 양 조절	조리도구, 조리법, 쌀 잡곡의 재료특성에 따라 물의 양을 조절하는 능력			
뜸 들이기	조리도구와 조리법을 고려하여 화력조절, 가열시간 조절, 뜸 들이기를 할 수 있는 능력			
그릇 선택과 밥 담기	밥을 담아 완성하는 능력			
고명 및 양념장	고명을 만드는 능력			
	양념장을 만드는 능력			

포트폴리오

학습내용	평가 항목	성취수준		
		상	중	하
밥 재료 준비	곡류의 이물질을 선별하는 능력			
	곡류의 성분을 비교하는 능력			
	재료를 손질하는 능력			
돌솥 또는 솥 선택	돌솥 또는 냄비 등을 관리하는 능력			
조리시간과 방법선택	취반하는 밥의 수분함량을 측정하는 능력			
물의 양 조절	밥 재료를 불리는 능력			
뜸 들이기	밥의 뜸을 들이는 조건을 확인하는 능력			
그릇 선택과 밥 담기	밥을 담아 완성하는 능력			
고명 및 양념장	고명을 만드는 능력			
	양념장을 만들어 밥 위에 올리거나 곁들이는 능력			

작업장 평가

학습내용	평가 항목	성취수준		
		상	중	하
밥 재료 준비	쌀과 잡곡을 필요량에 따라 계량하는 능력			
	쌀과 잡곡을 씻고 용도에 맞게 불리는 능력			
	부재료를 조리 방법에 맞게 손질하는 능력			
돌솥 또는 솥 선택	돌솥 또는 냄비 등을 선택하여 조리하고 정리정돈 하는 능력			
조리시간과 방법선택	물의 pH와 소금의 첨가량을 조절하는 능력			
물의 양 조절	밥물의 분량을 확인하는 능력			
뜸 들이기	뜸 들이기를 하는 능력			
그릇 선택과 밥 담기	밥을 담아 완성하는 능력			
고명 및 양념장	고명을 준비하는 능력			
	양념장을 준비하는 능력			

학습자 완성품 사진

비트무밥

재료

- 멥쌀 100g
- 찹쌀 20g
- 비트 30g
- 무 100g

양념장

- 부추 30g
- 붉은 고추 1/2개
- 마늘 1/2개
- 참깨 1작은술
- 참기름 1큰술
- 설탕 1/3작은술
- 간장 1큰술

만드는 법

재료 확인하기

1 멥쌀, 찹쌀, 비트, 무, 부추, 붉은 고추, 마늘, 참깨, 참기름, 설탕, 간장을 확인하기

사용할 도구 선택하기

2 솥, 도마, 칼, 믹싱볼 등 준비하기

재료 계량하기

3 각각의 재료분량을 컵과 저울 등으로 계량하기

재료 준비하기

4 멥쌀, 찹쌀은 깨끗하게 씻어 물에 담가 30분 정도 불린다.

5 비트와 무는 5cm 길이로 채를 썬다. 비트는 찬물에 담근다.

6 부추는 0.5cm로 송송 썰고, 붉은 고추와 마늘은 곱게 다진다.

조리하기

7 돌솥에 불린 쌀과 비트물을 1:1을 넣고 준비된 재료를 위에 얹어 센 불로 끓인다. 물이 끓어오르면 중불로 줄이고 물이 보이지 않으면 뚜껑을 덮고 약불로 줄여 뜸을 들인다.

양념장 만들기

8 준비된 재료를 섞어 양념장을 만든다.

담아 완성하기

9 비트무밥을 담을 그릇을 선택한다.

10 비트무밥을 보기 좋게 담고 양념장을 곁들인다.

평가자 체크리스트

학습내용	평가 항목	성취수준		
		상	중	하
밥 재료 준비	쌀의 품질을 확인하는 능력			
	잡곡의 품질을 확인하는 능력			
	부재료의 품질을 확인하는 능력			
돌솥 또는 솥 선택	돌솥 또는 냄비 등을 사용하는 능력			
조리시간과 방법선택	쌀알의 단단한 정도를 확인하는 능력			
	수확시기와 저장기간 등을 통한 건조상태 확인하는 능력			
물의 양 조절	조리도구, 조리법, 쌀 잡곡의 재료특성에 따라 물의 양을 조절하는 능력			
뜸 들이기	조리도구와 조리법을 고려하여 화력조절, 가열시간 조절, 뜸 들이기를 할 수 있는 능력			
그릇 선택과 밥 담기	밥을 담아 완성하는 능력			
고명 및 양념장	고명을 만드는 능력			
	양념장을 만드는 능력			

포트폴리오

학습내용	평가 항목	성취수준		
		상	중	하
밥 재료 준비	곡류의 이물질을 선별하는 능력			
	곡류의 성분을 비교하는 능력			
	재료를 손질하는 능력			
돌솥 또는 솥 선택	돌솥 또는 냄비 등을 관리하는 능력			
조리시간과 방법선택	취반하는 밥의 수분함량을 측정하는 능력			
물의 양 조절	밥 재료를 불리는 능력			
뜸 들이기	밥의 뜸을 들이는 조건을 확인하는 능력			
그릇 선택과 밥 담기	밥을 담아 완성하는 능력			
고명 및 양념장	고명을 만드는 능력			
	양념장을 만들어 밥 위에 올리거나 곁들이는 능력			

작업장 평가

학습내용	평가 항목	성취수준		
		상	중	하
밥 재료 준비	쌀과 잡곡을 필요량에 따라 계량하는 능력			
	쌀과 잡곡을 씻고 용도에 맞게 불리는 능력			
	부재료를 조리 방법에 맞게 손질하는 능력			
돌솥 또는 솥 선택	돌솥 또는 냄비 등을 선택하여 조리하고 정리정돈 하는 능력			
조리시간과 방법선택	물의 pH와 소금의 첨가량을 조절하는 능력			
물의 양 조절	밥물의 분량을 확인하는 능력			
뜸 들이기	뜸 들이기를 하는 능력			
그릇 선택과 밥 담기	밥을 담아 완성하는 능력			
고명 및 양념장	고명을 준비하는 능력			
	양념장을 준비하는 능력			

학습자 완성품 사진

가지밥

재료

- 멥쌀 100g
- 찹쌀 20g
- 가지 100g
- 다진 소고기 30g
- 식용유 2큰술

양념

- 간장 2작은술
- 설탕 1작은술
- 다진 마늘 1/2작은술
- 참깨 1작은술
- 참기름 1작은술
- 미림 1큰술

만드는 법

재료 확인하기

1 멥쌀, 찹쌀, 가지, 다진 소고기, 간장, 설탕, 다진 마늘, 참깨, 참기름, 미림을 확인하기

사용할 도구 선택하기

2 솥, 도마, 칼, 팬, 나무젓가락 등 준비하기

재료 계량하기

3 각각의 재료분량을 컵과 저울 등으로 계량하기

재료 준비하기

4 멥쌀, 찹쌀은 깨끗하게 씻어 물에 담가 30분 정도 불린다.
5 가지는 길이로 4등분하여 1cm 두께로 썬다.
6 다진 소고기는 핏물을 제거한다.

조리하기

7 팬을 달구고 가지와 소고기를 넣은 다음 간장, 설탕, 다진 마늘, 참깨, 참기름, 미림을 넣어 볶는다.
8 솥에 불린 쌀과 준비된 재료를 넣어 밥을 짓는다.

담아 완성하기

9 가지밥을 담을 그릇을 선정한다.
10 가지밥을 그릇에 담는다.

평가자 체크리스트

학습내용	평가 항목	성취수준		
		상	중	하
밥 재료 준비	쌀의 품질을 확인하는 능력			
	잡곡의 품질을 확인하는 능력			
	부재료의 품질을 확인하는 능력			
돌솥 또는 솥 선택	돌솥 또는 냄비 등을 사용하는 능력			
조리시간과 방법선택	쌀알의 단단한 정도를 확인하는 능력			
	수확시기와 저장기간 등을 통한 건조상태 확인하는 능력			
물의 양 조절	조리도구, 조리법, 쌀 잡곡의 재료특성에 따라 물의 양을 조절하는 능력			
뜸 들이기	조리도구와 조리법을 고려하여 화력조절, 가열시간 조절, 뜸 들이기를 할 수 있는 능력			
그릇 선택과 밥 담기	밥을 담아 완성하는 능력			
고명 및 양념장	고명을 만드는 능력			
	양념장을 만드는 능력			

포트폴리오

학습내용	평가 항목	성취수준		
		상	중	하
밥 재료 준비	곡류의 이물질을 선별하는 능력			
	곡류의 성분을 비교하는 능력			
	재료를 손질하는 능력			
돌솥 또는 솥 선택	돌솥 또는 냄비 등을 관리하는 능력			
조리시간과 방법선택	취반하는 밥의 수분함량을 측정하는 능력			
물의 양 조절	밥 재료를 불리는 능력			
뜸 들이기	밥의 뜸을 들이는 조건을 확인하는 능력			
그릇 선택과 밥 담기	밥을 담아 완성하는 능력			
고명 및 양념장	고명을 만드는 능력			
	양념장을 만들어 밥 위에 올리거나 곁들이는 능력			

작업장 평가

학습내용	평가 항목	성취수준		
		상	중	하
밥 재료 준비	쌀과 잡곡을 필요량에 따라 계량하는 능력			
	쌀과 잡곡을 씻고 용도에 맞게 불리는 능력			
	부재료를 조리 방법에 맞게 손질하는 능력			
돌솥 또는 솥 선택	돌솥 또는 냄비 등을 선택하여 조리하고 정리정돈 하는 능력			
조리시간과 방법선택	물의 pH와 소금의 첨가량을 조절하는 능력			
물의 양 조절	밥물의 분량을 확인하는 능력			
뜸 들이기	뜸 들이기를 하는 능력			
그릇 선택과 밥 담기	밥을 담아 완성하는 능력			
고명 및 양념장	고명을 준비하는 능력			
	양념장을 준비하는 능력			

학습자 완성품 사진

굴밥

재료

- 멥쌀 100g
- 찹쌀 20g
- 굴 150g
- 당근 30g
- 무 30g
- 콩나물 40g
- 미나리 30g
- 김가루 5g

양념장

- 붉은 고추 1/2개
- 대파 20g
- 마늘 1/2개
- 참깨 1작은술
- 참기름 1큰술
- 설탕 1/3작은술
- 간장 1큰술
- 고춧가루 1작은술

소금물

- 물 2컵
- 소금 1작은술

만드는 법

재료 확인하기

1 멥쌀, 찹쌀, 굴, 당근, 무, 콩나물, 김가루, 붉은 고추, 대파, 마늘, 참깨, 참기름, 설탕, 간장, 고춧가루 등을 확인하기

사용할 도구 선택하기

2 솥, 도마, 칼, 믹싱볼, 나무젓가락 등 준비하기

재료 계량하기

3 각각의 재료분량을 컵과 저울 등으로 계량하기

재료 준비하기

4 멥쌀, 찹쌀은 깨끗하게 씻어 물에 담가 30분 정도 불린다.
5 굴은 소금물에 씻는다.
6 당근과 무는 5cm 길이로 채를 썬다.
7 콩나물은 뿌리를 제거한다.
8 미나리는 다듬어서 5cm 길이로 썬다.
9 붉은고추, 대파, 마늘은 곱게 다진다.

조리하기

10 솥에 불린 쌀과 물을 1:1로 넣고 준비된 재료를 위에 얹어 센 불로 끓인다. 물이 끓어오르면 중불로 줄이고 물이 보이지 않으면 뚜껑을 덮고 약불로 줄여 뜸을 들인다.

양념장 만들기

11 준비된 재료를 섞어 양념장을 만든다.

담아 완성하기

12 굴밥을 담을 그릇을 선택한다.
13 그릇에 굴밥을 담고 김가루를 얹어 양념장을 곁들여 낸다.

평가자 체크리스트

학습내용	평가 항목	성취수준		
		상	중	하
밥 재료 준비	쌀의 품질을 확인하는 능력			
	잡곡의 품질을 확인하는 능력			
	부재료의 품질을 확인하는 능력			
돌솥 또는 솥 선택	돌솥 또는 냄비 등을 사용하는 능력			
조리시간과 방법선택	쌀알의 단단한 정도를 확인하는 능력			
	수확시기와 저장기간 등을 통한 건조상태 확인하는 능력			
물의 양 조절	조리도구, 조리법, 쌀 잡곡의 재료특성에 따라 물의 양을 조절하는 능력			
뜸 들이기	조리도구와 조리법을 고려하여 화력조절, 가열시간 조절, 뜸 들이기를 할 수 있는 능력			
그릇 선택과 밥 담기	밥을 담아 완성하는 능력			
고명 및 양념장	고명을 만드는 능력			
	양념장을 만드는 능력			

포트폴리오

학습내용	평가 항목	성취수준		
		상	중	하
밥 재료 준비	곡류의 이물질을 선별하는 능력			
	곡류의 성분을 비교하는 능력			
	재료를 손질하는 능력			
돌솥 또는 솥 선택	돌솥 또는 냄비 등을 관리하는 능력			
조리시간과 방법선택	취반하는 밥의 수분함량을 측정하는 능력			
물의 양 조절	밥 재료를 불리는 능력			
뜸 들이기	밥의 뜸을 들이는 조건을 확인하는 능력			
그릇 선택과 밥 담기	밥을 담아 완성하는 능력			
고명 및 양념장	고명을 만드는 능력			
	양념장을 만들어 밥 위에 올리거나 곁들이는 능력			

작업장 평가

학습내용	평가 항목	성취수준		
		상	중	하
밥 재료 준비	쌀과 잡곡을 필요량에 따라 계량하는 능력			
	쌀과 잡곡을 씻고 용도에 맞게 불리는 능력			
	부재료를 조리 방법에 맞게 손질하는 능력			
돌솥 또는 솥 선택	돌솥 또는 냄비 등을 선택하여 조리하고 정리정돈 하는 능력			
조리시간과 방법선택	물의 pH와 소금의 첨가량을 조절하는 능력			
물의 양 조절	밥물의 분량을 확인하는 능력			
뜸 들이기	뜸 들이기를 하는 능력			
그릇 선택과 밥 담기	밥을 담아 완성하는 능력			
고명 및 양념장	고명을 준비하는 능력			
	양념장을 준비하는 능력			

학습자 완성품 사진

조갯살비빔밥

재료

- 멥쌀 120g
- 바지락 350g
- 미나리 30g
- 풋고추 1개
- 붉은 고추 1/2개
- 대파 20g
- 다진 마늘 1작은술
- 참깨 1작은술
- 참기름 1큰술
- 설탕 1/3작은술
- 간장 1작은술
- 고춧가루 1작은술
- 미림 2작은술
- 김가루 20g

만드는 법

재료 확인하기

1 멥쌀, 바지락, 미나리, 풋고추, 붉은 고추, 대파, 마늘, 참깨, 설탕, 간장, 고춧가루, 미림 등을 확인하기

사용할 도구 선택하기

2 솥, 도마, 칼, 숟가락 등 준비하기

재료 계량하기

3 각각의 재료분량을 컵과 저울 등으로 계량하기

재료 준비하기

4 멥쌀, 찹쌀은 깨끗하게 씻어 물에 담가 30분 정도 불린다.

5 바지락은 깨끗하게 손질하여 냄비에 담고 물을 자작하게 부어 센 불로 저으면서 끓이고 입을 벌리기 시작하면 불을 끄고 건져서 살을 분리한다. 조개 삶은 물에 조개살을 헹군다.

6 미나리는 송송 썰고, 풋고추, 붉은 고추, 대파는 둥글고 얇게 썬다.

조리하기

7 솥에 불린 쌀을 넣어 밥을 짓는다.

8 조개살에 미나리, 풋고추, 붉은 고추, 대파, 마늘, 참깨, 설탕, 간장, 고춧가루, 미림을 넣어 양념한다.

담아 완성하기

9 조갯살비빔밥과 어울리는 그릇을 선택한다.

10 그릇에 잘 지은 밥을 담고 준비된 재료를 얹는다.

평가자 체크리스트

학습내용	평가 항목	성취수준		
		상	중	하
밥 재료 준비	쌀의 품질을 확인하는 능력			
	잡곡의 품질을 확인하는 능력			
	부재료의 품질을 확인하는 능력			
돌솥 또는 솥 선택	돌솥 또는 냄비 등을 사용하는 능력			
조리시간과 방법선택	쌀알의 단단한 정도를 확인하는 능력			
	수확시기와 저장기간 등을 통한 건조상태 확인하는 능력			
물의 양 조절	조리도구, 조리법, 쌀 잡곡의 재료특성에 따라 물의 양을 조절하는 능력			
뜸 들이기	조리도구와 조리법을 고려하여 화력조절, 가열시간 조절, 뜸 들이기를 할 수 있는 능력			
그릇 선택과 밥 담기	밥을 담아 완성하는 능력			
고명 및 양념장	고명을 만드는 능력			
	양념장을 만드는 능력			

포트폴리오

학습내용	평가 항목	성취수준		
		상	중	하
밥 재료 준비	곡류의 이물질을 선별하는 능력			
	곡류의 성분을 비교하는 능력			
	재료를 손질하는 능력			
돌솥 또는 솥 선택	돌솥 또는 냄비 등을 관리하는 능력			
조리시간과 방법선택	취반하는 밥의 수분함량을 측정하는 능력			
물의 양 조절	밥 재료를 불리는 능력			
뜸 들이기	밥의 뜸을 들이는 조건을 확인하는 능력			
그릇 선택과 밥 담기	밥을 담아 완성하는 능력			
고명 및 양념장	고명을 만드는 능력			
	양념장을 만들어 밥 위에 올리거나 곁들이는 능력			

작업장 평가

학습내용	평가 항목	성취수준		
		상	중	하
밥 재료 준비	쌀과 잡곡을 필요량에 따라 계량하는 능력			
	쌀과 잡곡을 씻고 용도에 맞게 불리는 능력			
	부재료를 조리 방법에 맞게 손질하는 능력			
돌솥 또는 솥 선택	돌솥 또는 냄비 등을 선택하여 조리하고 정리정돈 하는 능력			
조리시간과 방법선택	물의 pH와 소금의 첨가량을 조절하는 능력			
물의 양 조절	밥물의 분량을 확인하는 능력			
뜸 들이기	뜸 들이기를 하는 능력			
그릇 선택과 밥 담기	밥을 담아 완성하는 능력			
고명 및 양념장	고명을 준비하는 능력			
	양념장을 준비하는 능력			

학습자 완성품 사진

수험자 유의사항

1) 만드는 순서에 유의하며, 위생과 숙련된 기능평가를 위하여 조리작업 시 맛을 보지 않습니다.
2) 지정된 수험자 지참준비물 이외의 조리기구나 재료를 시험장 내에 지참할 수 없습니다.
3) 지급재료는 시험 전 확인하여 이상이 있을 경우 시험위원으로부터 조치를 받고 시험 중에는 재료의 교환 및 추가지급은 하지 않습니다.
4) 요구사항 및 지급재료의 규격은 "정도"의 의미를 포함하며, 재료의 크기에 따라 가감하여 채점됩니다.
5) 위생복, 위생모, 앞치마, 마스크를 착용하여야 하며, 시험장비 · 조리기구 취급 등 안전에 유의합니다.
6) 다음 사항은 실격에 해당하여 채점 대상에서 제외됩니다.
   가) 수험자 본인이 시험 도중 시험에 대한 포기 의사를 표현하는 경우
   나) 위생복, 위생모, 앞치마, 마스크를 착용하지 않은 경우
   다) 시험시간 내에 과제 두 가지를 제출하지 못한 경우
   라) 문제의 요구사항대로 과제의 수량이 만들어지지 않은 경우
   마) 구이를 조림 등으로 조리하여 완성품을 요구사항과 다르게 만든 경우
   바) 불을 사용하여 만든 조리작품이 작품특성에 벗어나는 정도로 타거나 익지 않은 경우
   사) 해당 과제의 지급재료 이외 재료를 사용하거나 석쇠 등 요구사항의 조리기구를 사용하지 않은 경우
   아) 지정된 수험자 지참준비물 이외의 조리기구를 조리에 사용한 경우
   자) 가스레인지 화구 2개 이상(2개 포함) 사용한 경우
   차) 시험 중 시설 · 장비(칼, 가스레인지 등) 사용 시 시험위원 및 타 수험자의 시험 진행에 위해를 일으킬 것으로 시험위원 전원이 합의하여 판단한 경우
   카) 요구사항에 표시된 실격 및 부정행위에 해당하는 경우
7) 항목별 배점은 위생상태 및 안전관리 5점, 조리기술 30점, 작품의 평가 15점입니다.
8) 시험시작 전 가벼운 몸 풀기(스트레칭) 동작으로 긴장을 풀고 시험을 시작합니다.

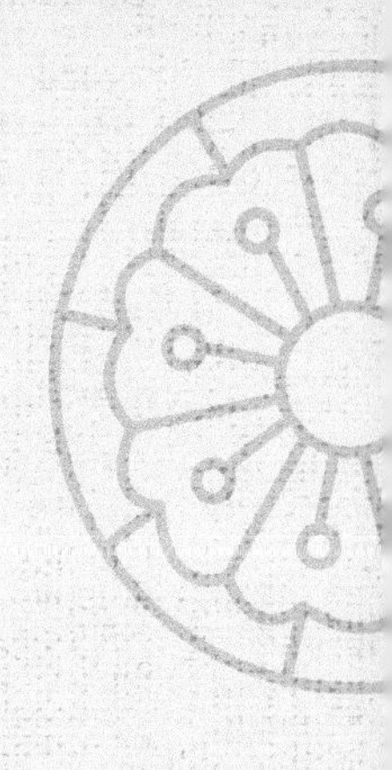

한식조리기능사
실기 품목

요구사항

※ 주어진 재료를 사용하여 다음과 같이 콩나물밥을 만드시오.

가. 콩나물은 꼬리를 다듬고 소고기는 채 썰어 간장양념을 하시오.

나. 밥을지어 전량 제출하시오.

콩나물밥

시험시간
30분

조리기능사 실기 품목

재료

- 쌀(30분 정도 불린 쌀) 150g
- 콩나물 60g
- 소고기(살코기) 30g
- 대파(흰부분 4cm) 1/2토막
- 마늘(중, 깐 것) 1쪽
- 진간장 5ml
- 참기름 5ml

만드는 법

재료 확인하기

1 쌀의 품질 확인하기
2 쌀에 섞여 있는 이물질 확인하여 선별하기
3 콩나물, 대파, 마늘 등의 품질 확인하기

사용할 도구 선택하기

4 돌솥, 압력솥, 냄비 등을 선택하여 준비한다.

재료 계량하기

5 각각의 재료 분량을 컵과 계량스푼, 저울로 계량하기
6 물을 계량한다.

밥의 재료 세척하기

7 쌀은 맑은 물이 나올 때까지 세척한다.

밥 재료 불리기

8 세척한 쌀은 실온에서 20~30분간 불린다.

재료 준비하기

9 마늘과 대파는 씻어서 물기를 제거하고, 곱게 다진다.
10 소고기는 5cm×0.2cm×0.2cm 길이로 채를 썬다.
11 콩나물은 꼬리를 다듬고 씻는다.

조리하기

12 썰어 놓은 소고기는 다진 대파, 다진 마늘, 간장, 참기름으로 양념을 한다.
13 냄비에 불린 쌀, 고기, 콩나물, 밥물을 넣어 밥을 짓는다. 센 불로 끓여 중불로 줄인다. 중간에 뚜껑을 열면 콩나물 비린내가 나므로 열지 않아야 하며, 한 번 끓어오르면 불을 줄여 약한 불로 뜸을 들인다.

밥 담아 완성하기

14 콩나물밥 담을 그릇을 선택한다.
15 밥을 따뜻하게 담아낸다.

평가자 체크리스트

학습내용	평가 항목	성취수준		
		상	중	하
밥 재료 준비	쌀의 품질을 확인하는 능력			
	잡곡의 품질을 확인하는 능력			
	부재료의 품질을 확인하는 능력			
돌솥 또는 솥 선택	돌솥 또는 냄비 등을 사용하는 능력			
조리시간과 방법선택	쌀알의 단단한 정도를 확인하는 능력			
	수확시기와 저장기간 등을 통한 건조상태 확인하는 능력			
물의 양 조절	조리도구, 조리법, 쌀 잡곡의 재료특성에 따라 물의 양을 조절하는 능력			
뜸 들이기	조리도구와 조리법을 고려하여 화력조절, 가열시간 조절, 뜸 들이기를 할 수 있는 능력			
그릇 선택과 밥 담기	밥을 담아 완성하는 능력			
고명 및 양념장	고명을 만드는 능력			
	양념장을 만드는 능력			

포트폴리오

학습내용	평가 항목	성취수준		
		상	중	하
밥 재료 준비	곡류의 이물질을 선별하는 능력			
	곡류의 성분을 비교하는 능력			
	재료를 손질하는 능력			
돌솥 또는 솥 선택	돌솥 또는 냄비 등을 관리하는 능력			
조리시간과 방법선택	취반하는 밥의 수분함량을 측정하는 능력			
물의 양 조절	밥 재료를 불리는 능력			
뜸 들이기	밥의 뜸을 들이는 조건을 확인하는 능력			
그릇 선택과 밥 담기	밥을 담아 완성하는 능력			
고명 및 양념장	고명을 만드는 능력			
	양념장을 만들어 밥 위에 올리거나 곁들이는 능력			

작업장 평가

학습내용	평가 항목	성취수준		
		상	중	하
밥 재료 준비	쌀과 잡곡을 필요량에 따라 계량하는 능력			
	쌀과 잡곡을 씻고 용도에 맞게 불리는 능력			
	부재료를 조리 방법에 맞게 손질하는 능력			
돌솥 또는 솥 선택	돌솥 또는 냄비 등을 선택하여 조리하고 정리정돈 하는 능력			
조리시간과 방법선택	물의 pH와 소금의 첨가량을 조절하는 능력			
물의 양 조절	밥물의 분량을 확인하는 능력			
뜸 들이기	뜸 들이기를 하는 능력			
그릇 선택과 밥 담기	밥을 담아 완성하는 능력			
고명 및 양념장	고명을 준비하는 능력			
	양념장을 준비하는 능력			

학습자 완성품 사진

요구사항

※ 주어진 재료를 사용하여 다음과 같이 비빔밥을 만드시오.

가. 채소, 소고기, 황 · 백지단의 크기는 0.3cm×0.3cm×5cm로 써시오.

나. 호박은 돌려깎기하여 0.3cm×0.3cm×5cm로 써시오.

다. 청포묵의 크기는 0.5cm×0.5cm×5cm로 써시오.

라. 소고기는 고추장 볶음과 고명에 사용하시오.

마. 밥을 담은 위에 준비된 재료들을 색 맞추어 돌려 담으시오.

바. 볶은 고추장은 완성된 밥 위에 얹어 내시오.

비빔밥

시험시간
50분

조리기능사 실기 품목

재료

- 쌀(30분 정도 물에 불린 쌀) 150g
- 애호박(중, 길이 6cm) 60g
- 도라지(찢은 것) 20g
- 고사리(불린 것) 30g
- 청포묵(중, 길이 6cm) 40g
- 소고기(살코기) 30g · 달걀 1개
- 건다시마(5×5cm) 1장 · 고추장 40g
- 식용유 30ml · 소금(정제염) 10g
- 대파(흰 부분, 4cm) 1토막
- 마늘(중, 깐 것) 2쪽 · 진간장 15ml
- 백설탕 15g · 깨소금 5g
- 검은후춧가루 1g · 참기름 5ml

만드는 법

재료 확인하기

1 쌀의 품질 확인하기
2 쌀에 섞여 있는 이물질 확인하여 선별하기
3 소고기, 애호박, 고사리, 도라지, 청포묵, 대파, 마늘 등의 품질 확인하기

사용할 도구 선택하기

4 돌솥, 압력솥, 냄비, 프라이팬, 나무젓가락 등을 선택하여 준비한다.

재료 계량하기

5 각각의 재료 분량을 컵과 계량스푼, 저울로 계량하기
6 물을 계량한다.

밥의 재료 세척하기

7 쌀은 맑은 물이 나올 때까지 세척한다.

밥 재료 불리기

8 세척한 쌀은 실온에서 20~30분간 불린다.

재료 준비하기

9 마늘과 대파는 씻어서 물기를 제거하고, 곱게 다진다.
10 소고기 20g은 5cm×0.3cm×0.3cm로 채를 썰고, 10g은 곱게 다진다.
11 호박은 돌려깎기하여 5cm×0.3cm×0.3cm로 채를 썬다.
12 도라지는 5cm×0.3cm×0.3cm 길이로 썰어 소금으로 자박자박 주물러 씻는다.
13 고사리는 5cm 길이로 썬다.
14 청포묵은 5cm×0.5cm×0.5cm 길이로 썬다.
15 달걀은 황백으로 나누어 소금으로 간을 하여 체에 내린다.

조리하기

16 흰밥을 짓는다.
17 애호박은 소금에 살짝 절인다. 절여지면 달구어진 팬에 식용유를 두르고 다진 대파, 다진 마늘을 넣어 볶는다.
18 도라지는 달구어진 팬에 식용유를 두르고 다진 대파, 다진 마늘을 넣어 볶는다.
19 고사리는 끓는 물에 데쳐, 달구어진 팬에 식용유를 두르고, 간장, 다진 대파, 다진 마늘을 넣어 볶는다.
20 소고기는 간장, 다진 대파, 다진 마늘, 흰 설탕, 후춧가루, 깨소금, 참기름을 넣어 양념하고, 달구어진 팬에 식용유를 두르고 볶는다.
21 달걀은 황백으로 지단을 부치고, 5cm×0.3cm×0.3cm로 채를 썬다.
22 청포묵은 끓는 물에 데쳐서, 찬물에 헹군 다음 간장, 소금, 깨소금, 참기름을 넣어 버무린다.
23 다시마는 기름에 튀겨 먹기 좋게 부순다.
24 다진 고기에 설탕, 후춧가루, 다진 대파, 다진 마늘, 깨소금, 참기름을 넣어 양념을 하고 팬에 볶는다. 고기가 익으면 물 2큰술을 넣어 끓이고, 고추장을 넣어 볶는다.

밥 담아 완성하기

25 비빔밥 담을 그릇을 선택한다.
26 그릇 중앙에 흰밥을 담고, 그 위에 준비된 재료를 보기 좋게 얹은 다음 볶은 고추장과 튀긴 다시마는 맨 위에 담는다.

평가자 체크리스트

학습내용	평가 항목	성취수준		
		상	중	하
밥 재료 준비	쌀의 품질을 확인하는 능력			
	잡곡의 품질을 확인하는 능력			
	부재료의 품질을 확인하는 능력			
돌솥 또는 솥 선택	돌솥 또는 냄비 등을 사용하는 능력			
조리시간과 방법선택	쌀알의 단단한 정도를 확인하는 능력			
	수확시기와 저장기간 등을 통한 건조상태 확인하는 능력			
물의 양 조절	조리도구, 조리법, 쌀 잡곡의 재료특성에 따라 물의 양을 조절하는 능력			
뜸 들이기	조리도구와 조리법을 고려하여 화력조절, 가열시간 조절, 뜸 들이기를 할 수 있는 능력			
그릇 선택과 밥 담기	밥을 담아 완성하는 능력			
고명 및 양념장	고명을 만드는 능력			
	양념장을 만드는 능력			

포트폴리오

학습내용	평가 항목	성취수준		
		상	중	하
밥 재료 준비	곡류의 이물질을 선별하는 능력			
	곡류의 성분을 비교하는 능력			
	재료를 손질하는 능력			
돌솥 또는 솥 선택	돌솥 또는 냄비 등을 관리하는 능력			
조리시간과 방법선택	취반하는 밥의 수분함량을 측정하는 능력			
물의 양 조절	밥 재료를 불리는 능력			
뜸 들이기	밥의 뜸을 들이는 조건을 확인하는 능력			
그릇 선택과 밥 담기	밥을 담아 완성하는 능력			
고명 및 양념장	고명을 만드는 능력			
	양념장을 만들어 밥 위에 올리거나 곁들이는 능력			

작업장 평가

학습내용	평가 항목	성취수준		
		상	중	하
밥 재료 준비	쌀과 잡곡을 필요량에 따라 계량하는 능력			
	쌀과 잡곡을 씻고 용도에 맞게 불리는 능력			
	부재료를 조리 방법에 맞게 손질하는 능력			
돌솥 또는 솥 선택	돌솥 또는 냄비 등을 선택하여 조리하고 정리정돈 하는 능력			
조리시간과 방법선택	물의 pH와 소금의 첨가량을 조절하는 능력			
물의 양 조절	밥물의 분량을 확인하는 능력			
뜸 들이기	뜸 들이기를 하는 능력			
그릇 선택과 밥 담기	밥을 담아 완성하는 능력			
고명 및 양념장	고명을 준비하는 능력			
	양념장을 준비하는 능력			

학습자 완성품 사진

______ 주차

일일 개인위생 점검표(입실준비)

점검일 :　　년　월　일　　이름 :				
점검 항목	착용 및 실시 여부	점검결과		
		양호	보통	미흡
조리모				
두발의 형태에 따른 손질(머리망 등)				
조리복 상의				
조리복 바지				
앞치마				
스카프				
안전화				
손톱의 길이 및 매니큐어 여부				
반지, 시계, 팔찌 등				
짙은 화장				
향수				
손 씻기				
상처유무 및 적절한 조치				
흰색 행주 지참				
사이드 타월				
개인용 조리도구				

일일 위생 점검표(퇴실준비)

점검일 :　　년　월　일　　이름 :				
점검 항목	착용 및 실시 여부	점검결과		
		양호	보통	미흡
그릇, 기물 세척 및 정리정돈				
기계, 도구, 장비 세척 및 정리정돈				
작업대 청소 및 물기 제거				
가스레인지 또는 인덕션 청소				
양념통 정리				
남은 재료 정리정돈				
음식 쓰레기 처리				
개수대 청소				
수도 주변 및 세제 관리				
바닥 청소				
청소도구 정리정돈				
전기 및 Gas 체크				

일일 개인위생 점검표(입실준비)

점검일 : 년 월 일 이름 :

점검 항목	착용 및 실시 여부	점검결과		
		양호	보통	미흡
조리모				
두발의 형태에 따른 손질(머리망 등)				
조리복 상의				
조리복 바지				
앞치마				
스카프				
안전화				
손톱의 길이 및 매니큐어 여부				
반지, 시계, 팔찌 등				
짙은 화장				
향수				
손 씻기				
상처유무 및 적절한 조치				
흰색 행주 지참				
사이드 타월				
개인용 조리도구				

일일 위생 점검표(퇴실준비)

점검일 : 년 월 일 이름 :

점검 항목	착용 및 실시 여부	점검결과		
		양호	보통	미흡
그릇, 기물 세척 및 정리정돈				
기계, 도구, 장비 세척 및 정리정돈				
작업대 청소 및 물기 제거				
가스레인지 또는 인덕션 청소				
양념통 정리				
남은 재료 정리정돈				
음식 쓰레기 처리				
개수대 청소				
수도 주변 및 세제 관리				
바닥 청소				
청소도구 정리정돈				
전기 및 Gas 체크				

______ 주차

일일 개인위생 점검표(입실준비)

점검일 :　　년　월　일　　이름 :				
점검 항목	착용 및 실시 여부	점검결과		
		양호	보통	미흡
조리모				
두발의 형태에 따른 손질(머리망 등)				
조리복 상의				
조리복 바지				
앞치마				
스카프				
안전화				
손톱의 길이 및 매니큐어 여부				
반지, 시계, 팔찌 등				
짙은 화장				
향수				
손 씻기				
상처유무 및 적절한 조치				
흰색 행주 지참				
사이드 타월				
개인용 조리도구				

일일 위생 점검표(퇴실준비)

점검일 :　　년　월　일　　이름 :				
점검 항목	착용 및 실시 여부	점검결과		
		양호	보통	미흡
그릇, 기물 세척 및 정리정돈				
기계, 도구, 장비 세척 및 정리정돈				
작업대 청소 및 물기 제거				
가스레인지 또는 인덕션 청소				
양념통 정리				
남은 재료 정리정돈				
음식 쓰레기 처리				
개수대 청소				
수도 주변 및 세제 관리				
바닥 청소				
청소도구 정리정돈				
전기 및 Gas 체크				

일일 개인위생 점검표(입실준비)

점검일 : 년 월 일 이름 :				
점검 항목	착용 및 실시 여부	점검결과		
		양호	보통	미흡
조리모				
두발의 형태에 따른 손질(머리망 등)				
조리복 상의				
조리복 바지				
앞치마				
스카프				
안전화				
손톱의 길이 및 매니큐어 여부				
반지, 시계, 팔찌 등				
짙은 화장				
향수				
손 씻기				
상처유무 및 적절한 조치				
흰색 행주 지참				
사이드 타월				
개인용 조리도구				

일일 위생 점검표(퇴실준비)

점검일 : 년 월 일 이름 :				
점검 항목	착용 및 실시 여부	점검결과		
		양호	보통	미흡
그릇, 기물 세척 및 정리정돈				
기계, 도구, 장비 세척 및 정리정돈				
작업대 청소 및 물기 제거				
가스레인지 또는 인덕션 청소				
양념통 정리				
남은 재료 정리정돈				
음식 쓰레기 처리				
개수대 청소				
수도 주변 및 세제 관리				
바닥 청소				
청소도구 정리정돈				
전기 및 Gas 체크				

일일 개인위생 점검표(입실준비)

점검일 : 년 월 일 이름 :

점검 항목	착용 및 실시 여부	점검결과		
		양호	보통	미흡
조리모				
두발의 형태에 따른 손질(머리망 등)				
조리복 상의				
조리복 바지				
앞치마				
스카프				
안전화				
손톱의 길이 및 매니큐어 여부				
반지, 시계, 팔찌 등				
짙은 화장				
향수				
손 씻기				
상처유무 및 적절한 조치				
흰색 행주 지참				
사이드 타월				
개인용 조리도구				

일일 위생 점검표(퇴실준비)

점검일 : 년 월 일 이름 :

점검 항목	착용 및 실시 여부	점검결과		
		양호	보통	미흡
그릇, 기물 세척 및 정리정돈				
기계, 도구, 장비 세척 및 정리정돈				
작업대 청소 및 물기 제거				
가스레인지 또는 인덕션 청소				
양념통 정리				
남은 재료 정리정돈				
음식 쓰레기 처리				
개수대 청소				
수도 주변 및 세제 관리				
바닥 청소				
청소도구 정리정돈				
전기 및 Gas 체크				

_____ 주차

일일 개인위생 점검표(입실준비)

점검일 : 년 월 일 이름 :				
점검 항목	착용 및 실시 여부	점검결과		
		양호	보통	미흡
조리모				
두발의 형태에 따른 손질(머리망 등)				
조리복 상의				
조리복 바지				
앞치마				
스카프				
안전화				
손톱의 길이 및 매니큐어 여부				
반지, 시계, 팔찌 등				
짙은 화장				
향수				
손 씻기				
상처유무 및 적절한 조치				
흰색 행주 지참				
사이드 타월				
개인용 조리도구				

일일 위생 점검표(퇴실준비)

점검일 : 년 월 일 이름 :				
점검 항목	착용 및 실시 여부	점검결과		
		양호	보통	미흡
그릇, 기물 세척 및 정리정돈				
기계, 도구, 장비 세척 및 정리정돈				
작업대 청소 및 물기 제거				
가스레인지 또는 인덕션 청소				
양념통 정리				
남은 재료 정리정돈				
음식 쓰레기 처리				
개수대 청소				
수도 주변 및 세제 관리				
바닥 청소				
청소도구 정리정돈				
전기 및 Gas 체크				

일일 개인위생 점검표(입실준비)

점검일 : 년 월 일 이름 :				
점검 항목	착용 및 실시 여부	점검결과		
		양호	보통	미흡
조리모				
두발의 형태에 따른 손질(머리망 등)				
조리복 상의				
조리복 바지				
앞치마				
스카프				
안전화				
손톱의 길이 및 매니큐어 여부				
반지, 시계, 팔찌 등				
짙은 화장				
향수				
손 씻기				
상처유무 및 적절한 조치				
흰색 행주 지참				
사이드 타월				
개인용 조리도구				

일일 위생 점검표(퇴실준비)

점검일 : 년 월 일 이름 :				
점검 항목	착용 및 실시 여부	점검결과		
		양호	보통	미흡
그릇, 기물 세척 및 정리정돈				
기계, 도구, 장비 세척 및 정리정돈				
작업대 청소 및 물기 제거				
가스레인지 또는 인덕션 청소				
양념통 정리				
남은 재료 정리정돈				
음식 쓰레기 처리				
개수대 청소				
수도 주변 및 세제 관리				
바닥 청소				
청소도구 정리정돈				
전기 및 Gas 체크				

일일 개인위생 점검표(입실준비)

점검일 :　　년　　월　　일　　　이름 :				
점검 항목	착용 및 실시 여부	점검결과		
		양호	보통	미흡
조리모				
두발의 형태에 따른 손질(머리망 등)				
조리복 상의				
조리복 바지				
앞치마				
스카프				
안전화				
손톱의 길이 및 매니큐어 여부				
반지, 시계, 팔찌 등				
짙은 화장				
향수				
손 씻기				
상처유무 및 적절한 조치				
흰색 행주 지참				
사이드 타월				
개인용 조리도구				

일일 위생 점검표(퇴실준비)

점검일 :　　년　　월　　일　　　이름 :				
점검 항목	착용 및 실시 여부	점검결과		
		양호	보통	미흡
그릇, 기물 세척 및 정리정돈				
기계, 도구, 장비 세척 및 정리정돈				
작업대 청소 및 물기 제거				
가스레인지 또는 인덕션 청소				
양념통 정리				
남은 재료 정리정돈				
음식 쓰레기 처리				
개수대 청소				
수도 주변 및 세제 관리				
바닥 청소				
청소도구 정리정돈				
전기 및 Gas 체크				

일일 개인위생 점검표(입실준비)

점검일 : 년 월 일 이름 :				
점검 항목	착용 및 실시 여부	점검결과		
		양호	보통	미흡
조리모				
두발의 형태에 따른 손질(머리망 등)				
조리복 상의				
조리복 바지				
앞치마				
스카프				
안전화				
손톱의 길이 및 매니큐어 여부				
반지, 시계, 팔찌 등				
짙은 화장				
향수				
손 씻기				
상처유무 및 적절한 조치				
흰색 행주 지참				
사이드 타월				
개인용 조리도구				

일일 위생 점검표(퇴실준비)

점검일 : 년 월 일 이름 :				
점검 항목	착용 및 실시 여부	점검결과		
		양호	보통	미흡
그릇, 기물 세척 및 정리정돈				
기계, 도구, 장비 세척 및 정리정돈				
작업대 청소 및 물기 제거				
가스레인지 또는 인덕션 청소				
양념통 정리				
남은 재료 정리정돈				
음식 쓰레기 처리				
개수대 청소				
수도 주변 및 세제 관리				
바닥 청소				
청소도구 정리정돈				
전기 및 Gas 체크				

일일 개인위생 점검표(입실준비)

점검일 :　　년　　월　　일　　이름 :				
점검 항목	착용 및 실시 여부	점검결과		
		양호	보통	미흡
조리모				
두발의 형태에 따른 손질(머리망 등)				
조리복 상의				
조리복 바지				
앞치마				
스카프				
안전화				
손톱의 길이 및 매니큐어 여부				
반지, 시계, 팔찌 등				
짙은 화장				
향수				
손 씻기				
상처유무 및 적절한 조치				
흰색 행주 지참				
사이드 타월				
개인용 조리도구				

일일 위생 점검표(퇴실준비)

점검일 :　　년　　월　　일　　이름 :				
점검 항목	착용 및 실시 여부	점검결과		
		양호	보통	미흡
그릇, 기물 세척 및 정리정돈				
기계, 도구, 장비 세척 및 정리정돈				
작업대 청소 및 물기 제거				
가스레인지 또는 인덕션 청소				
양념통 정리				
남은 재료 정리정돈				
음식 쓰레기 처리				
개수대 청소				
수도 주변 및 세제 관리				
바닥 청소				
청소도구 정리정돈				
전기 및 Gas 체크				

_____ 주차

일일 개인위생 점검표(입실준비)

점검일 :　　년　월　일　　이름 :				
점검 항목	착용 및 실시 여부	점검결과		
		양호	보통	미흡
조리모				
두발의 형태에 따른 손질(머리망 등)				
조리복 상의				
조리복 바지				
앞치마				
스카프				
안전화				
손톱의 길이 및 매니큐어 여부				
반지, 시계, 팔찌 등				
짙은 화장				
향수				
손 씻기				
상처유무 및 적절한 조치				
흰색 행주 지참				
사이드 타월				
개인용 조리도구				

일일 위생 점검표(퇴실준비)

점검일 :　　년　월　일　　이름 :				
점검 항목	착용 및 실시 여부	점검결과		
		양호	보통	미흡
그릇, 기물 세척 및 정리정돈				
기계, 도구, 장비 세척 및 정리정돈				
작업대 청소 및 물기 제거				
가스레인지 또는 인덕션 청소				
양념통 정리				
남은 재료 정리정돈				
음식 쓰레기 처리				
개수대 청소				
수도 주변 및 세제 관리				
바닥 청소				
청소도구 정리정돈				
전기 및 Gas 체크				

_____ 주차

일일 개인위생 점검표(입실준비)

점검일 : 년 월 일 이름 :

점검 항목	착용 및 실시 여부	점검결과		
		양호	보통	미흡
조리모				
두발의 형태에 따른 손질(머리망 등)				
조리복 상의				
조리복 바지				
앞치마				
스카프				
안전화				
손톱의 길이 및 매니큐어 여부				
반지, 시계, 팔찌 등				
짙은 화장				
향수				
손 씻기				
상처유무 및 적절한 조치				
흰색 행주 지참				
사이드 타월				
개인용 조리도구				

일일 위생 점검표(퇴실준비)

점검일 : 년 월 일 이름 :

점검 항목	착용 및 실시 여부	점검결과		
		양호	보통	미흡
그릇, 기물 세척 및 정리정돈				
기계, 도구, 장비 세척 및 정리정돈				
작업대 청소 및 물기 제거				
가스레인지 또는 인덕션 청소				
양념통 정리				
남은 재료 정리정돈				
음식 쓰레기 처리				
개수대 청소				
수도 주변 및 세제 관리				
바닥 청소				
청소도구 정리정돈				
전기 및 Gas 체크				

일일 개인위생 점검표(입실준비)

점검일 : 년 월 일 이름 :

점검 항목	착용 및 실시 여부	점검결과		
		양호	보통	미흡
조리모				
두발의 형태에 따른 손질(머리망 등)				
조리복 상의				
조리복 바지				
앞치마				
스카프				
안전화				
손톱의 길이 및 매니큐어 여부				
반지, 시계, 팔찌 등				
짙은 화장				
향수				
손 씻기				
상처유무 및 적절한 조치				
흰색 행주 지참				
사이드 타월				
개인용 조리도구				

일일 위생 점검표(퇴실준비)

점검일 : 년 월 일 이름 :

점검 항목	착용 및 실시 여부	점검결과		
		양호	보통	미흡
그릇, 기물 세척 및 정리정돈				
기계, 도구, 장비 세척 및 정리정돈				
작업대 청소 및 물기 제거				
가스레인지 또는 인덕션 청소				
양념통 정리				
남은 재료 정리정돈				
음식 쓰레기 처리				
개수대 청소				
수도 주변 및 세제 관리				
바닥 청소				
청소도구 정리정돈				
전기 및 Gas 체크				

일일 개인위생 점검표(입실준비)

점검일 :　　년　월　일　　이름 :				
점검 항목	착용 및 실시 여부	점검결과		
		양호	보통	미흡
조리모				
두발의 형태에 따른 손질(머리망 등)				
조리복 상의				
조리복 바지				
앞치마				
스카프				
안전화				
손톱의 길이 및 매니큐어 여부				
반지, 시계, 팔찌 등				
짙은 화장				
향수				
손 씻기				
상처유무 및 적절한 조치				
흰색 행주 지참				
사이드 타월				
개인용 조리도구				

일일 위생 점검표(퇴실준비)

점검일 :　　년　월　일　　이름 :				
점검 항목	착용 및 실시 여부	점검결과		
		양호	보통	미흡
그릇, 기물 세척 및 정리정돈				
기계, 도구, 장비 세척 및 정리정돈				
작업대 청소 및 물기 제거				
가스레인지 또는 인덕션 청소				
양념통 정리				
남은 재료 정리정돈				
음식 쓰레기 처리				
개수대 청소				
수도 주변 및 세제 관리				
바닥 청소				
청소도구 정리정돈				
전기 및 Gas 체크				

저자 소개

한혜영

현) 충북도립대학교 조리제빵과 교수
어린이급식관리지원센터 센터장

- 세종대학교 조리외식경영학전공 조리학 박사
- 숙명여자대학교 전통식생활문화전공 석사
- 조리기능장
- Le Cordon bleu (France, Australia) 연수
- The Culinary Institute of America 연수
- Cursos de cocina espanola en sevilla (Spain) 연수
- Italian Culinary Institute For Foreigner 연수
- 롯데호텔 서울
- 인터컨티넨탈 호텔 서울
- 떡제조기능사, 조리산업기사, 조리기능장 출제위원 및 심사위원
- 한국외식산업학회 이사
- 농림축산식품부장관상, 식약처장상, 해양수산부장관상, 산림청장상
- 대전지방식품의약품안전청장상, 충북도지사상
- KBS 비타민, 위기탈출넘버원
- 한혜영 교수의 재미있고 맛있는 음식이야기 CJB 라디오 청주방송
- SBS 모닝와이드
- MBC 생방송오늘아침 등
- 파리, 대만, 홍콩, 알제리, 카타르, 싱가포르, 상해, 터키, 리옹, 라스베이거스, 요르단, 쿠웨이트, 터키, 말레이시아, 미국, 오만, 에콰도르, 파나마, 카타르, 몽골, 체코, 브라질, 네덜란드, 호주, 일본 등 대사관 초청 한국음식 강의 및 홍보행사
- 순창, 임실, 옥천, 밀양, 화천, 봉화, 진천, 태백, 경주, 서산, 충주, 양양, 웅진, 성주, 이천 등 메뉴개발 및 강의

저서

- 한혜영의 한국음식, 효일출판사, 2013
- NCS 자격검정을 위한 한식조리 12권, 백산출판사, 2016
- NCS 자격검정을 위한 한식기초조리실무, 백산출판사, 2017
- NCS 자격검정을 위한 알기쉬운 한식조리, 백산출판사, 2017
- NCS 한식조리실무, 백산출판사, 2017
- 조리사가 꼭 알아야 할 단체급식, 백산출판사, 2018
- 양식조리 NCS학습모듈 공동 집필 8권, 한국직업능력개발원, 2018
- 동남아요리, 백산출판사, 2019
- 떡제조기능사, 비앤씨월드, 2020
- 푸드스타일링 실습, 충북도립대학교, 2020

신은채

현) 동원과학기술대학교 호텔외식조리과 교수
양산시 시설관리공단 〈숲애서〉 자문위원장

- 한식조리기능사, 조리산업기사 감독위원
- 세종대학교 식품영양학과 이학사
- 서울대학교 보건대학원 보건학 석사
- 동아대학교 식품영양학과 이학박사
- 한식세계화 한식전문조리인력양성과정장
- 채널A 먹거리 X파일 착한식당 검증단

안정화

현) 부천대학교 호텔조리학과 겸임교수
호원대학교 식품외식조리학과 겸임교수
전) 청운대학교 전통조리과 외래교수

- 세종대학교 외식경영학과 석사
- 조리기능장
- The Culinary Institute of America 연수
- Cursos de Cocina Espanola en Sevilla (Spain) 연수
- 중국양생협회 약선요리 연수
- 한식조리산업기사, 양식조리산업기사, 맛평가사
- 더록스레스토랑 총괄조리장
- KWCA KCC 심사위원
- 세계음식문화원 상임이사
- 해양수산부장관상
- 사찰요리 대상(서울시장상)
- 쌀요리대회 대상
- SBS생방송투데이(조선시대 면요리)
- KBS약선요리
- YTN 뇌의 건강한 요리

저서

- 한식조리기능사(효일출판사)
- 양식조리기능사(백산출판사)

임재창

- 우송정보대학교 조리부사관과 겸임교수
- 마스터쉐프한국협회 상임이사
- 한국음식조리문화협회 상임이사
- 조리기능장 감독위원
- 국민안전처 식품안전위원

저자와의
합의하에
인지첩부
생략

한식조리 밥

2022년 3월 5일 초판 1쇄 인쇄
2022년 3월 10일 초판 1쇄 발행

지은이 한혜영 · 신은채 · 안정화 · 임재창
펴낸이 진욱상
펴낸곳 (주)백산출판사
교 정 박시내
본문디자인 신화정
표지디자인 오정은

등 록 2017년 5월 29일 제406-2017-000058호
주 소 경기도 파주시 회동길 370(백산빌딩 3층)
전 화 02-914-1621(代)
팩 스 031-955-9911
이메일 edit@ibaeksan.kr
홈페이지 www.ibaeksan.kr

ISBN 979-11-6567-467-0 93590
값 14,000원